KLAUS GALLAS

KRETA

Ursprung Europas

Mit dem Originaltext von
RUDOLF NOTTEBOHM
zur gleichnamigen Fernsehserie

HIRMER VERLAG MÜNCHEN

Schutzumschlag: Palast von Knossós, Treppenhaus im Ostflügel
Rückseite: Kretische Nordküste mit den Inseln Psíra und Móchlos

Vorsatz vorn: Palast von Knossós, Blick auf die Hoffassade des Westflügels, rechts die große Treppe zum »piano nobile«, links das dreiteilige Heiligtum mit dem Eingang zur Pfeilerkrypta. Rekonstruktion nach Evans
Vorsatz hinten: Die Burg von Mykene. Rekonstruktion

CIP-Kurztitelaufnahme der Deutschen Bibliothek

Kreta – Ursprung Europas / Klaus Gallas [Unter Mitarb. von Thomas Corzelius.] Mit d. Orig.-Fernsehtext von Rudolf Nottebohm. – München: Hirmer, 1984
ISBN 3-7774-3610-0

Lithos: Chemigraphia Gebr. Czech, München
Papier, Tafeln: Papierfabrik Scheufelen, Lenningen
Papier, Text: Hartmann & Mittler, München
Satz und Druck: Kastner & Callwey, München
Bindearbeiten: Conzella Verlagsbuchbinderei, München
Schutzumschlagentwurf: Dieter Vollendorf, München
Printed in Germany
ISBN 3-7774-3610-0

INHALT

Vorwort . . . 7
Einführung: Die Anfänge Europas in der ägäischen Bronzezeit . . . 9

I Abenteuer Archäologie . . . 13
II Kulte und Spiele . . . 17
III Funde und Feste . . . 20
IV Von den Müttern zu den Helden . . . 23
V Untergang und Wandlung . . . 26

Die Tafeln 33

Der ägäische Raum . . . 113
Die »Wiedergeburt« der minoisch-mykenischen Welt . . . 114
Neolithikum und Seßhaftigkeit . . . 116
Die ägäische Bronzezeit . . . 117
Matriarchat und Patriarchat . . . 121
Kultsymbole, Kultszenen, Kultstätten . . . 123
Stierkult – Stiersymbol . . . 127
Gräber und Totenkult . . . 128
Die Schrift . . . 131
Kretischer Mythos . . . 133
Kreta in griechischer und römischer Zeit: Karfí, Riziniá, Gortís . . . 135
Festós in der Messará-Ebene . . . 137
Knossós . . . 141
Archánes . . . 146
Die Nekropole Furní von Archánes . . . 147
Anemóspilia . . . 148
Zákros . . . 150
Ajía Triádha . . . 153
Wathípetro . . . 155
Gurniá . . . 156
Akrotíri auf Santorín . . . 157
Das mykenische Griechenland . . . 161
Mykene . . . 161
Tiryns . . . 165

Vergleichende Zeittafel . . . 167
Literatur . . . 168
Abbildungsnachweis . . . 168

Vorwort

Im Herbst 1979 ging die Sensationsmeldung »Menschenfresser auf Kreta« durch die internationale Presse. Was war geschehen? Nähere Einzelheiten waren auch aus den ernstzunehmenden Zeitungen nicht zu erfahren. Im Frühjahr 1980 gab der griechische Archäologe Prof. Dr. I. Sakellarakis in der Athener Akademie vor einem internationalen Gremium von in Griechenland tätigen Archäologen einen Grabungsbericht über seinen sensationellen Fund. In rhetorisch ausgefeilter Rede verstand es Sakellarakis, seine Zuhörer in den Bann zu ziehen mit den Einzelheiten des Fundes, den er und seine Frau, die Archäologin Efi Sapouna-Sakellaraki, auf Kreta am Fuße des Júchtas, an einem Ort, der im Volksmund *Anemóspilia* heißt, gemacht hatten: ein in situ konserviertes Menschenopfer, das er als singuläres Ereignis für die gesamte minoische Welt betrachtet! Auch ich war von seinen Ausführungen fasziniert, so daß mir spontan der Gedanke kam, dieses Thema der Öffentlichkeit in einer Filmreportage über das minoische Kreta zugänglich zu machen. Ich war mir darüber im klaren, daß es ein schwieriges Unterfangen sein würde, über eine bereits abgeschlossene Grabung nachträglich eine Filmdokumentation zu erstellen.

Zu meiner großen Überraschung und Freude wurde meine Idee von der Kulturredaktion des Zweiten Deutschen Fernsehens in Mainz, Herrn Lic. Dr. W. Schmandt, bereits beim ersten Gespräch mit gleicher Spontaneität aufgegriffen. Im Frühjahr 1981 flog ein Kamerateam im Auftrag des ZDF unter Leitung des Regie-Kameramanns Kurt W. Oehlschläger mit mir nach Kreta, um mit den Dreharbeiten zu beginnen.

Mein Konzept bestand darin, über einen längeren Zeitraum hinweg die Grabungen in *Archánes am Júchtas,* die dort von Dr. Efi und Prof. Dr. Ioannis Sakellarakis geleitet werden, mit der Kamera zu beobachten, um dem Zuschauer die mit größter Sorgfalt durchzuführenden Arbeiten, den wissenschaftlichen Kreislauf einer Scherbe oder eines Fragments von dem Augenblick der Auffindung an bis hin zur Ausstellung des rekonstruierten und wissenschaftlich dokumentierten Objektes in einer Museumsvitrine vorzuführen. Ich ging davon aus, daß sich bei der alltäglichen Arbeit der Archäologen genügend Querverbindungen finden ließen, um anhand der Fundstücke die Geschichte des minoischen Kreta und die Eigenart seiner Kultur, aber auch die Verbindungen mit der Kykladeninsel Santorín und insbesondere zur Welt des mykenischen Griechenland aufzuzeigen und somit einen Gesamteindruck von den minoisch-mykenischen Kulturkreisen zu geben.

Das Buch, das in einer Art »Medienverbund« zwischen der Kulturredaktion des Zweiten Deutschen Fernsehens und dem Hirmer Verlag entstanden ist, folgt einerseits mit dem Original-Kommentartext zum Film und den Bildern der Farbtafeln dem Weg des Kamerateams, und der Zuschauer und Leser kann die Stationen dieser filmischen Reise hier in Wort und Bild nachvollziehen. Dies ist natürlich zugleich ein Besuch in der Gegenwart Griechenlands, in der wir den Stätten und Funden auf Kreta, Santorín und auf der Peloponnes gegenübertreten. Wir begegnen den Nachfahren der Minoer, die ihre Äkker bestellen und ihre Herden hüten auf derselben Erde, in der die Zeugnisse einer viertausendjährigen Kulturgeschichte begraben sind. Wir erleben ihre orthodoxen Feste an uralten heidnischen Kultstätten, und wir werden Zeugen des Grabungsalltages in Archánes und am Júchtas.

Im zweiten Teil des Buches sollen dem interessierten Laien dann jene Informationen ausführlicher gegeben werden, die im Filmkommentar nur angedeutet werden können, damit Zeit bleibt zum Schauen und Text und Bild sich nicht gegenseitig stören. Die Kultur der ägäischen Bronzezeit wird hier in ihren wesentlichen Zügen – in Sachzusammenhängen und am Beispiel der minoischen und mykenischen Stätten auf Kreta, Santorín und in der Argolis – vorgestellt.

Dem Fernsehzuschauer mag dieses Buch als bleibende Erinnerung an die filmische Reise und zur Vertiefung und Ergänzung des Geschauten dienen. Aber auch unabhängig davon soll es den Freunden Kretas als anschauliche Lektüre, zur Vorbereitung auf eine eigene Reise oder als Erinnerung und Nachlese, nützlich sein und Freude bereiten.

München, Februar 1984 KLAUS GALLAS

Einführung
Die Anfänge Europas in der ägäischen Bronzezeit

Eine Reise nach Griechenland auf der Suche nach den ältesten Spuren Europas wäre nicht ein Besuch von Athen, Delphi oder Korinth; nicht an den berühmten Stätten der griechischen Antike, die – auf dem Weg über Rom – unsere abendländische Kultur so nachhaltig geprägt hat, finden wir die Keimzelle Europas. Wir müssen zeitlich weiter zurückgehen, bis in die Vor- und Frühgeschichte Griechenlands: vom Zeitalter des Perikles (5. Jh. v. Chr.) nochmals mehr als 1000 Jahre in die Vergangenheit, müssen Orte wie Mykene und Tiryns auf der Peloponnes und die Insel Santorín aufsuchen, vor allem aber Kreta. Hier stehen wir in Knossós und Festós, in Archánes und Zákros vor den 4000 Jahre alten Zeugnissen der ersten europäischen Hochkultur. Das Ziel unserer Reise sind die bronzezeitlichen Kulturen im Ägäisraum.

Lang ist es noch nicht her, daß diese Reise zum ersten Male angetreten wurde. Bis in die zweite Hälfte des 19. Jh. hätte niemand geglaubt, daß vor dem ersten vorchristlichen Jahrtausend, zu dessen Anfang sich die griechische Antike aus einem vorgeschichtlichen Dunkel geschält zu haben schien, die griechische Landschaft – das Festland wie die ägäischen Inseln – bereits das Aufblühen und Vergehen einer weit älteren Zivilisation gesehen hatte. Es ist das Verdienst des genialen Heinrich Schliemann, unser Wissen von der griechischen und damit auch europäischen Frühgeschichte entscheidend bereichert zu haben. Den griechischen Mythos, vor allem die Ilias, das Epos Homers vom Trojanischen Krieg, bis dahin als frühestes Zeugnis abendländischer Dichtung bewundert, ohne jedoch nach einer dahinter verborgenen historischen Wahrheit zu fragen, nahm er zum Ansatzpunkt seiner archäologischen Abenteuer. Warum sollten Mykene und Troja nicht existiert haben, fragte er, gegen Skepsis und Gespött der Fachwelt, und begann zu graben. Schliemann behielt recht. In den siebziger Jahren des 19. Jh. präsentierte er einer staunenden Öffentlichkeit die Überreste der Burgen von Troja, Mykene (Abb. 118–123) und Tiryns (Abb. 133–138) sowie aufsehenerregende Schatzfunde von großer Schönheit, die von einem außerordentlichen technischen und künstlerischen Niveau zeugen (Abb. 129–132).

Schliemann hatte sich auch um Grabungserlaubnis im kretischen Knossós bemüht, aber erst der englische Ethnologe Arthur Evans konnte hier im Jahre 1900 den Spaten ansetzen und wurde damit zum Entdecker der alsbald nach dem sagenhaften kretischen König Minos benannten minoischen Kultur. Damit hatte Europa seine Anfänge enthüllt, und diese konnten sich sehen lassen neben den bereits bekannten frühen Kulturen etwa in Mesopotamien und Ägypten.

Und doch bleiben die Zeugnisse der protogriechischen Epoche im Ägäisraum bis heute geheimnisvoll, eigentümlich mythisch und unbestimmt. Zwar haben – und damit sollen die Verdienste von Schliemann, Evans und den anderen Pionieren auf diesem Gebiet nicht geschmälert werden – seither Archäologen wie Sp. Marinatos, N. Platon, E. u. I. Sakellarakis und andere Wissenschaftler aus aller Herren Länder mit weit größerer wissenschaftlicher Akribie, als sie die begeisterten, oft auch fanatischen Entdecker aufzubringen vermochten, Grabungen vorgenommen und Fachpublikationen veröffentlicht. Unser Wissen über den frühgriechisch-mykenischen Kulturkreis und das minoische Kreta ist seit den Tagen der Pioniere beträchtlich gewachsen und hat manche Korrektur erforderlich gemacht. Hatte noch Evans als Apologet einer minoischen Vorherrschaft an eine Eroberung des griechischen Festlandes von Kreta aus geglaubt, so stellt sich diese Konstellation heute mit umgekehrten Vorzeichen dar: Zumindest in Knossós herrschten nach 1450 v. Chr., als alle anderen minoischen Zentren (außer Archánes) bereits in Schutt und Asche lagen, griechisch sprechende Mykener. Ob dieser Herrschaftswechsel jedoch auf friedlichem Wege erfolgte oder mit kriegerischer Gewalt, ist weiterhin umstritten.

Wir können heute die Reise in die Ägäis antreten, in den Ausgrabungen und Museen den Erzeugnissen dieser alten Kultur gegenübertreten. Doch verstehen wir das, was wir sehen? Finden wir Europa, unsere kulturelle Tradition wieder etwa in den Bauten der minoischen Kultur? Es besteht noch nicht einmal eine einhellige Auffassung darüber, was nun eigentlich die großen Anlagen von Knossós, Festós, Mália und Zákros vorstellen. Die ersten Ausgräber sprachen von Palästen und dachten Könige in diese hinein. Heute noch zeigen Fremdenführer dem Besucher den »Thron des Minos« oder das »Badezimmer der Königin« in Knossós, obwohl es keinerlei sichere Indizien für eine solche Verwendung des fraglichen Raumes gibt, ganz zu schweigen vom fehlenden Nachweis, daß es dort Könige gegeben hätte. Eine andere Hypothese sieht in den riesigen Komplexen Tempel, und vor einigen Jahren sorgte der deutsche Geologe Wunderlich für Aufsehen und Empörung, als er die fraglichen Bauten suggestiv für Grabanlagen, sprich Totenpaläste erklärte.
Dann die Fremdartigkeit der Bauten als solche! Wir stehen vor den Zeugnissen einer Denkweise und Baulogik, die so ziemlich alle Regeln unseres Stilempfindens, das in seinen Grundzügen von der klassisch-griechischen Antike geprägt ist, verletzt. Diesen Eindruck vermitteln besonders die Paläste von Festós und Knossós, letzterer in seiner von Evans rekonstruierten Form. In Museen wandern wir durch Säle mit einer Vielzahl von Ausstellungsstükken, bewundern die erstaunliche handwerkliche Technik, fühlen uns hier direkt angesprochen von den farbenfrohen Fresken oder den kleinen szenischen Reliefs der Siegelbilder und stehen dort wieder vor Statuetten und Gerät, deren Sinn und Zweck wir allenfalls erahnen können. Wir vermissen Befestigungen, Waffen, Darstellungen vom Kriege, wie wir sie sonst in allen Kulturen der Erde zu finden gewohnt sind. Dürfen wir daraus schließen, daß das minoische Kreta ein Paradies ohne Krieg wahr? Wir hören vom Matriarchat: Die Frauen hätten, so sagen viele Fachleute, zumindest in religiösen Dingen die Herrschaft besessen. Wie sonst wolle man erklären, daß auf allen Darstellungen, die Menschen zeigen, Frauen dominieren oder bevorzugte Plätze einnehmen? Und stets sind es Frauen, die den Kult ausführen.
Anders liegen die Dinge in der frühgriechisch-mykenischen Welt. An Orten wie Mykene und Tiryns sehen wir gewaltige Befestigungsmauern, finden Waffen, auch folgen diese Burganlagen einer vertrauteren Baulogik. Hier wohnten die kriegerischen Achäer, die Homer in seiner Ilias besingt, und der blutige Mythos vom Atridengeschlecht, von Agamemnon, Klytaimnestra, Elektra und Orest scheint noch heute seine Schatten über den rauhen Burgberg von Mykene mit seinen zyklopischen Mauern zu werfen. Welcher unbekannten Macht fielen diese unüberwindlich wirkenden Mauern und die aller anderen mykenischen Burgen am Ausgang des 2. vorchristlichen Jahrtausends zum Opfer, wie wenige Jahrhunderte zuvor alle Bauten auf Kreta? Beide Kulturen, die minoische und die mykenische, verschwanden, und von ihren Errungenschaften und Denkweisen blieb nichts erhalten. Die dorischen Griechen, die nach ihnen kamen, begannen noch einmal von vorne, wie uns die Funde lehren. Ihre Bauten und Gräber, ihre Keramiken, ihr Schmuck und ihre Waffen sehen völlig anders aus, es gibt keine fortgesetzten Traditionen. Nur in manchen Mythen scheint den Griechen der Antike noch eine dunkle und schemenhafte Erinnerung – vermischt mit vielen fremdartigen orientalischen Elementen – geblieben zu sein an das, was vor ihnen gewesen war.
Nun ist es immer ein schwieriges Unterfangen, weit entfernte Epochen verstehen zu wollen. Zu sehr hängt, was die Zeiten überdauert hat und heute Zeugnis gibt, vom Zufall ab. Zum anderen ist es ohne überlieferte Texte, die uns mit Hilfe archäologischer Befunde rekonstruierbare historische Hinweise dafür geben könnten, was wir eigentlich gefunden haben, nahezu aussichtslos, zu sicheren Erkenntnissen über Gesellschaftsstruktur, Religion und Lebensformen der jeweiligen Kultur zu gelangen. Im Unterschied zu Ägypten und Mesopotamien, wo die Anfänge noch weiter zurückliegen, haben wir im minoisch-mykenischen Bereich keinerlei Schriftzeugnisse mit zusammenhängenden Texten etwa geschichtlichen oder religiösen Inhalts. Zwar fand man einige tausend kleiner, mit Zahlen- und Schriftzeichen bedeckter Tontäfelchen, die durch Feuer dauerhaft gebrannt wurden und so auf uns gekommen sind. Evans unterschied zwei Schriftgruppen: Linear-A und Linear-B. Seit jedoch die Forschung mit der Entzifferung der Linear-B vorangeschritten ist, wurden alle Hoffnungen zunichte, aus den Täfelchen größere Aufschlüsse über Geschichte und Kultur der minoisch-mykenischen Welt zu gewinnen. Sie enthalten nämlich lediglich Material- und Zahlenangaben, in der Art einer Handelsbilanz oder Inventarisierung von Magazinen. Immerhin haben wir durch die Fundstellen von Linear-B, die auf Kreta nur in Knossós und aus der

letzten Phase des Palastes, mehrfach jedoch auf dem griechischen Festland gefunden wurden, ein wichtiges Indiz für ihre Bestimmung als frühgriechische Sprache der Mykener sowie für die These, daß die Mykener die Minoer in der Herrschaft von Knossós ablösten.
Daß der Ursprung Europas auf Kreta zu suchen ist, dafür gibt es nicht nur archäologisches Beweismaterial, das ja erst in unserem Jahrhundert ans Tageslicht gekommen ist. Eine Erinnerung an diese Anfänge ist auch im griechischen Mythos lebendig geblieben, der von der Entführung der phönizischen Prinzessin Europa durch den stiergestaltigen Zeus hierher nach Kreta erzählt. Dem Besucher der Insel wird heute außer den historischen Stätten der minoischen Epoche auch jene Stelle am Strand gezeigt, wo der Stier mit Europa den nach ihr benannten Erdteil betrat. Für den modernen Mitteleuropäer auf der Spur des erwachenden Europa verschmelzen Mythos, archäologisches Zeugnis einer frühen Blütezeit und das Erlebnis der traditionsreichen Gegenwart zu einem überwältigenden Panorama vor der zeitlosen Kulisse der kretischen Landschaft.
Einiges wird klarer werden auf einer solchen Reise. Allein dadurch, daß der Reisende sich Fremdem gegenübersieht, Differenzen zwischen dem Bekannten und dem anderen Land, der anderen Kultur feststellt. Und heißt nicht verstehen auch manchmal soviel wie Unterschiede feststellen, das andere wie das eigene durch Unterscheiden besser kennenlernen? – Es werden Rätsel und Geheimnisse bleiben, das alte Europa wird seine Fremdartigkeit nicht gänzlich verlieren – aber dies gerade ist die Faszination, die Herausforderung.

KLAUS GALLAS

RUDOLF NOTTEBOHM

I Abenteuer Archäologie

Alles was ist, hat Ursprung und Geschichte. Begreifen, was ist, heißt fragen: Warum? Woher? Wohin? Europa, die Schicksalsgemeinschaft des Abendlandes, ist nicht durch politische Grenzen bestimmt, sondern durch ein gemeinsames kulturelles Erbe, durch einen gemeinsamen Ursprung. Was ist dieses Gemeinsame, wo kommt es her?

Der Blick wendet sich zurück: viertausend Jahre – Generation auf Generation. Da ist ein »Land im Meer« (Od. 19, 172), ein blühendes Land, überragt von Waldgebirgen und hoch auftürmenden Felsen. Kreta heißt dieses Land im Meer, ein fruchtbares Land mit gesegneten Herden und reichen Gärten – und es war das »Land der neunzig Städte«, bewohnt von Menschen vieler Sprachen, beherrscht von dem sagenhaften Gott-König Minos, Sohn des Zeus und der Europa. Die Minoer waren auch die Herrscher der Meere; ihre Handelsschiffe brachten sie nach Ägypten, Anatolien und Vorderasien. Dort begegneten sich die Kulturen der damaligen Welt, nicht um zu verschmelzen, sondern um bei der Geburt von etwas Neuem Pate zu stehen.

Aber im Neuen blieb ein Teil des Unwandelbaren bis heute: Menschen und Tiere zwischen Gräsern und zu Mauern getürmten Steinen zu Füßen der heiligen Berge – heilig von Urzeiten her, als Geburts- und Grabstätte des ewigen, wandelbaren Gottes. Hier, zwischen dem Grab der Gottheit, dem Júchtas-Berg, und dem Ida-Gebirge (Abb. 10), der Geburtsstätte, vollzieht sich im Wechsel der Jahre und Jahreszeiten, was den Minoern tiefstes Geheimnis war: das Sterben und Auferstehen des Gottes. Ein kretischer Gott, der einmal einen griechischen Namen tragen wird: Zeus. Aber nicht der heroische Kampf zwischen dunklen und lichten Mächten bestimmt den Kult, sondern es ist ein Kult des Erblühens, der Bewegung, der Lebensfreude. Hier liegen die Wurzeln der minoischen Kultur. Der Anfang war unkriegerisch, unheroisch, unmännlich. Europa, die Geliebte des Gottes, war eine Frau.

Vor 100 Jahren erst ist die minoische Kultur, vor allem dann durch die Ausgrabungen von Sir Arthur Evans, wieder vor die Augen der Welt getreten. Mit ungläubigem Staunen blickte man auf die Zeugnisse der ersten europäischen Kultur und vermochte in dieser lebensfrohen, bewegten Farben- und Formenwelt kaum die eigenen Wurzeln zu erkennen. Eine wahre Grabungseuphorie brachte immer weitere unerwartete Funde, und noch heute – so darf man annehmen – birgt die kretische Erde viele aufregende Geheimnisse. Zahlreiche Schriftfunde zum Beispiel warten noch immer auf ihre Enträtselung.

Das Grabungshaus von Archánes ist das Zentrum der heutigen Grabungskampagnen auf Kreta. Die meiste Zeit im Jahr ist es still dort. Gegraben wird nur im Sommer, wenn die Bauern nicht auf ihren Feldern arbeiten. Im Juli oder August sammeln sich hier Studenten und Archäologen, um unter der Leitung von Professor Ioannis und Dr. Efi Sakellarakis, unter großer Anteilnahme der Bevölkerung, die Grabungen in Archánes und Umgebung weiter voranzutreiben.

Die Idee der Grabung geht auf eine Initiative der Bürger von Archánes zurück – vor jetzt über 15 Jahren. Suchgrabungen hatten die schon von Evans vermutete Existenz eines minoischen Palastes am Fuße des Júchtas bestätigt und Sakellarakis von dem Reichtum der archanischen Erde überzeugt. Die unmittelbare Nähe von Grabungshaus und Palast bietet ideale Voraussetzungen für die Grabung und die praktische Ausbildung der Studenten.

Nach einer erfrischenden Limonade im Hof begrüßt der Professor seine Studenten. Vor allem die Jüngeren spüren, wenn sie die Grabung zum erstenmal betreten, die starke Atmosphäre des Ortes: Trotz des tiefen Eindringens in den Boden umgibt ihn eine Aura der Unberührbarkeit. Ein Plan zeigt die Grabungsabschnitte: 1965/66 Südeingang des Palastes, und die Grabungen ab 1978. Deutlich schon jetzt der labyrinthische Aufbau des Gesamtplanes, bekanntestes Merkmal aller minoischen Paläste. Der Professor zeigt, wo in diesem Jahr gegraben werden soll, und erläutert seine Erwartungen. Aufs Geratewohl zu graben, verbieten nicht nur die beschränkten wirtschaftlichen Mittel. Die sorgfältige Analyse der bisherigen Grabungen, das geduldige, jahrelange Sich-Hineindenken in den Ort, Erfahrung und schließlich ein unerklärlicher Instinkt verdichten irgendwann Vermutungen und Ahnungen zu einer Art Wissen; dann erst werden Hacke und Schaufel angesetzt. Der Blick hinauf zum heiligen Berg Júchtas erinnert an den Lauf der Jahrtausende, Sinnbild der Unüberbrückbarkeit ebenso wie der geistigen Überwindung der Zeit. So kommt es, daß Ioannis und Efi Sakellarakis Grabungen oft jahrelang ruhen lassen, bis die Zeit reif ist, die Stätte bereit, ihr Geheimnis preiszugeben. Im Vordergrund steht bei aller persönlichen Bedingtheit die strenge Wissenschaftlichkeit der archäologischen Forschung, nur darf sie ihr Objekt nicht vergewaltigen. Sind es doch nicht Steine, bemalte Tonscherben, Gold oder Elfenbein, dem der Archäologe nachspürt, sondern es ist der Geist, der in ihnen über die Jahrtausende lebendig geblieben ist. Der Geist des alten Kreta lebt aber nicht nur mehr in den Schätzen seiner Erde. Er ist in seinen Menschen lebendig, im einfachen Landvolk, das seit über 5000 Jahren auf denselben Hängen seine Weingärten bestellt (Abb. 35, 62, 63, 70). Wein und Oliven, Ziegen, Schafe, die Fruchtbarkeit der Erde, der Wechsel der Jahreszeiten prägen noch heute das Bewußtsein und erklären die auf den ersten Blick erstaunliche Anteilnahme der Bauern an den Grabungen. Sie spüren es: Es ist ein Stück von ihnen selbst, was hier ans Licht gehoben wird – der mythische Ursprung.

Wir kennen nur die heroischen Überlieferungen der Griechen: Kronos, der Titan, ist von seinem Vater Uranos gewarnt worden, sein eigener Sohn werde ihn einst umbringen. Nachdem er die ersten beiden Söhne verschlungen hatte, bringt Rhea den dritten, Zeus, heimlich in einer Grotte auf Kreta zur Welt. Dort muß sie das Kind sich selbst überlassen. Doch die Ziege Amaltheia und die Biene Melissa nähren es mit Milch und Honig. So wächst der Knabe heran auf den hellen Frühlingswiesen des Ida-Gebirges. An Kretas Gestade (Abb. 16) wird der Gott einst Europa, die Tochter des Königs der Phoiniker, entführen. In Gestalt eines mächtigen Stieres wird er sich ihr nähern und gutmütig schnaubend vor ihr niederknien. Erst am Strand seiner Heimat, nach einem Sturmritt über Land und durch das offene Meer, läßt er sie von seinem Nacken gleiten und steht vor ihr als strahlender Gott. Auf den Hängen des Ida, hoch im heiligen Baum (Fig. 20), ist ihr Brautbett und Minos ihr Sohn. Alle neun Jahre stieg Minos hinauf in die Berge und blieb dort in einer tiefen Höhle allein mit dem göttlichen Vater. Erfüllt von göttlicher Weisheit gab er den Menschen ihre Gesetze. Von Daidalos, dem Griechen, ließ Minos einen Palast bauen, einen steinernen Irrgarten, und herrschte von dort über das Land.

Alle Paläste auf Kreta sind, obwohl ganz verschieden groß, nach dem gleichen labyrinthischen Grundmuster gebaut. Der Palast von Festós über der fruchtbaren Messará-Ebene (Abb. 17–19) war nur wenig kleiner als der von Knossós, lag gleich diesem ein gutes Stück vom Meer entfernt und war von Wohnsiedlungen umgeben. Also hat es wohl mehr als einen König auf Kreta gegeben. Die große Ähnlichkeit der Paläste – auch der Kunsterzeugnisse – und das Fehlen jeglicher Befestigungsanlagen lassen vermuten, daß diese Herrscher gut miteinander ausgekommen sind. Ob das trotz oder wegen ihres Reichtums so war, darüber ließen sich reizvolle Vermutungen anstellen, die unglaublichste Erklärung ist die wahrscheinlichste: Die ersten europäischen Mächtigen waren gekrönte Weise, keine Heroen, vielleicht Frauen, Diener eines Kultes des Lichtes und der Lebensfreude.
Die Reste der alten und neueren Paläste von Festós sind nicht rekonstruiert. Im Anblick der lichten Höfe, der breiten Treppen, des labyrinthischen Gewirrs der Säle, Wohnräume und Vorratskammern, im Blick hinaus auf die weite Ebene und hinauf zur Kamáres-Höhle des Ida teilt sich dem Besucher etwas von der Kraft und der Anmut der minoischen Kultur mit.
Sehr viel direkter zeugt eine in Festós gefundene Vase der Vorpalastzeit vom Charakter der minoischen Kunst, der Minoer selbst: Das Muster nimmt die Bewegung, die Drehung in sich selbst auf (ähnlich Abb. 20). Keine statischen Bandornamente wie bei den »logischen«, »männlichen« Griechen, sondern Schwingungen, Wirbel, beherrscht von einem magischen Auge am Kannenhals. Später greift die Bewegung im Muster auch auf die plastische Form über. Kein Gefäß gleicht dem anderen, jedes einzelne ist das persönliche Werk eines Meisters (Abb. 21–23). Auch in der strengeren Form dominiert das Bewegliche – ein wahrer Strudel von Strichen und Bändern zieht das Auge in den sich schlie-

ßenden Kreis auf dem Boden einer anderen Schale aus der Zeit der Alten Paläste.
Archánes. Nicht oft schenken glückliche Umstände vollständig erhaltene oder gar unversehrte Stücke. Das meiste muß Scherbe für Scherbe aus dem in Planquadrate eingeteilten Boden zusammengesucht werden. Im Keller des Grabungshauses werden die Bruchstücke, wieder nach Planquadraten, gewaschen und dann im Hof in der Sonne getrocknet. Die kostbare Schöpfkanne mit Schilfdekor (Abb. 22) aus der Zeit der Neuen Paläste, die in Festós gefunden wurde, ist auf die gleiche Weise rekonstruiert und ergänzt worden.
Hier in Festós, zwischen den Grundsteinen eines kleinen, dunklen Raumes, ist einer der bedeutendsten Funde gemacht worden: der bisher unentzifferte »Diskus von Festós« (Fig. 25) – Inbegriff der Geheimnisse um die Ursprünge unserer Kultur. Diese hieroglyphischen Schriftzeichen sind nicht auf das zwingende Band einer Zeile gereiht, sondern vereinigen auf geniale Weise das minoische Gesetz der Torsion, der drehenden Bewegung, mit dem Formprinzip des Labyrinthes. – Hieroglyphische Schriftzeichen der Vorpalastzeit zeigen auch das vierzehnseitige Siegel aus Archánes (Abb. 87) und der Becher aus der Zeit der Neuen Paläste, in dessen Inneres mit Tinte von Tintenfischen Zeichen in Linear-A-Schrift eingeschrieben sind, Beschwörungsformeln vielleicht.
Der sogenannte Alte Palast von Festós ist nicht der erste; er steht auf den Resten von mehreren vorangegangenen, wohl von Erdbeben zerstörten Anlagen. Dies immer wiederkehrende Schicksal – auch der Wohnstädte – erleichtert uns heute das Ablesen der verschiedenen Kulturschichten und -stufen.
Der Blick schweift hinüber von Festós zu dem minoischen Landsitz von Ajía Triádha und von dort weiter auf die Bucht von Mátala und das Meer (Abb. 23). Ajía Triádha – ein Ort zum Träumen. Die Grundmauern wachsen zu einer prächtigen Prinzenvilla, vor deren Heiligtümern und Altären sportliche Wettkämpfe und kultische Tänze zu Ehren der großen Gottheit abgehalten wurden.

Der weite Blick vom Júchtas hinüber auf den Ida führt zurück nach Archánes (Abb. 11). Im Grabungshaus bereitet Professor Sakellarakis seine Studenten auf eine neue Grabungskampagne vor: in der Nekropole Furní, der Totenstadt von Archánes. Die Arbeiten werden verteilt und Gruppen aus jeweils einem älteren und einem jüngeren Studenten gebildet (Abb. 12–15). Immer wieder weist Sakellarakis auf die enge Beziehung zwischen dem Ort der Grabung am Fuße des Júchtas und dem Kult hin: Nur wer die Allgegenwärtigkeit des Kultischen in der minoischen Welt, im Leben wie im Tode, begreift, kann die Grabung und die zu erwartenden Ergebnisse richtig einordnen. 23 Kykladenidole (Abb. 84) sind in Furní bereits gefunden worden. Es müssen also Händler von den Kykladeninseln nach Archánes gekommen sein. Wo kann man hoffen, weitere Idole zu finden?
In die Felsspalten etwas oberhalb von den Gräbern hat man die Skelette älterer Bestattungen geräumt, um Platz für Neubestattungen zu gewinnen. Einerseits also Grabbeigaben, Sorge um den Toten auf dem Weg ins Jenseits, andererseits die augenfällige Überzeugung, daß – nach einer gemessenen Frist – der Geist des Verstorbenen nicht mehr mit seinen irdischen Überresten verbunden ist.
Bei der ersten Feldbegehung zeichnet der Professor, als könne er durch den Boden hindurchsehen, mit dem Stock seine Vorstellungen vom weiteren Verlauf der Grabungen nach: Die Erosionsspalten in den hier unter der Erde auslaufenden Felsen wären ein idealer Platz, um alte Gebeine abzulagern – sie einfach aufs freie Feld zu werfen, hätte man sich vielleicht doch gescheut – immerhin sind frühe Bestattungen in solchen Felsspalten bekannt.
Zu Beginn der Arbeit kommt der Pope von Archánes, um die Grabung zu segnen – auf der gleichen Straße, auf der schon die Minoer ihre Toten heraufgetragen haben. Einen Augenblick ist es so, als käme diese schlanke Gestalt gerade aus der versunkenen Zeit heraufgestiegen. – Die Grabenden soll nie das Bewußtsein verlassen, eine Kultstätte anzutasten. Das Sakrileg, die zerfallenen, von der Erde bedeckten Häuser der Toten zu öffnen, den Schlaf der Toten zu stören, wird geheilt durch das wissende Gefühl, dabei auch lebendig zu machen. – Der Segen des Popen ist Sinnbild: Die Nekropole feiert Auferstehung, die Erde ist nicht mehr Totenstaub, sondern Quelle des Lebens.
Der erste Fund zwischen den Felsspalten: ein Tongefäß. Es ist die Ausnahme, das Sakellarakis selbst Hand anlegt. Seine Scheu vor der Berührung der Erde ist unter dem Eindruck der Bestätigung seiner Vermutungen plötzlich vergessen.
Von der alten Nekropole blickt man auf das heutige Archánes (Abb. 11). – Bei ihren täglichen Besuchen im Kafeneion pflegen der Professor und seine Frau ihre guten Kontakte zur Bevölkerung. Am Anfang vieler großer Grabungserfolge standen Hinweise von Bauern, die beim Pflügen oder Säu-

bern ihrer Felder und Weinberge, ohne es zu ahnen, auf Minoisches gestoßen waren: Reste von Grundmauern, bemalte Tonscherben, Bruchstücke von Kultgegenständen. – Ein Bauer hält den Professor auf der Straße an und macht ihm eine augenscheinlich höchst wichtige Mitteilung. Seine gutturalen Wortfetzen sind für Sakellarakis unverständlich, auch seine aufgeregten Gesten. Verwandte des Bauern klären ihn schließlich auf: Der sprachbehinderte Mann erinnert sich, an den Hängen des Júchtas, auf halbem Weg nach Anemóspilia, runde Mauerreste gesehen zu haben. Das interessiert Sakellarakis. Eine Feldbegehung erscheint lohnend. Kreisförmige Mauerreste deuten auf ein Tholosgrab, der Ort, am Osthang des heiligen Berges, nährt weitere Hoffnungen. Der Professor beschließt, eine Suchgrabung durchzuführen. Zunächst muß die Macchia gerodet werden. Die nach innen gestürzten großen Felsbrocken könnten aus der Kuppelabdeckung stammen.

Parallel gehen die Grabungsarbeiten in Furní weiter. Die Ausmaße der Nekropole sind noch nicht genau abzuschätzen. Die Ergebnisse der früheren, schon einige Jahre zurückliegenden Kampagnen hatten Sakellarakis unter einem Weinfeld weitere Mauern vermuten lassen. Die ersten gefallenen Steine deuten auf ein Rundgebäude. Die Grabung wird ausgeweitet, weitere Weinstöcke fallen dem Messer zum Opfer. Warum gerade hier? Das kann auch der Professor nicht erklären, will es auch nicht. Er besitzt die stille Geduld des »Suchenden« – aber auch das Auge und das Selbstvertrauen des glücklichen Finders.

Von der Größe und Lage der Felsbrocken werden in jedem Stadium der Grabung Photos gemacht, und ein genaues Zeichenprotokoll wird angefertigt. Sakellarakis schreitet die Distanz zwischen der neuen Grabung und den schon vor Jahren entdeckten Tholosgräbern ab. Das Gefühl für die Distanzen auf einem Grabungsfeld ist äußerst wichtig. Nichts darf in einer minoischen Nekropole zufällig sein. Die Mauerrundung zeichnet sich immer deutlicher ab – das ist hoffnungsvoll! Tholosgräber bergen oft die interessantesten Fundstücke.

Die Suchgrabung am Osthang des Júchtas steht vor dem Abschluß: Der Durchmesser des Mauerrundes spricht für ein Tholosgrab – doch die Arbeiter haben ihre Zweifel. Sakellarakis muß sie bestätigen: Es handelt sich um einen Kalkofen aus dem letzten Jahrhundert. Nicht nur die Rauchabzüge beweisen es, sondern auch die geringe Tiefe und Dicke der Mauern.

Der Rundbau unter dem Weinfeld in Furní ist ebenfalls kein Tholosgrab. Trotzdem sind die in die Grabung gesetzten Hoffnungen nicht enttäuscht! Es handelt sich um ein einzigartiges Bauwerk, bisher ohne Parallele in der kretisch-minoischen Architektur. Der Rundbau bildet keinen Kreis, sondern eine Ellipse und sitzt auf der ursprünglichen Felsformation auf, zu der eine dem Rund folgende Treppe hinunterführt. Die künstlichen Erdgrotten in den großen Palästen sind der einzige Hinweis: Der dort vermutlich geübte Kult der Erde läge auch in einer Nekropole nahe: die Erde als Grab und Quelle des Lebens.

Nur einige Meter entfernt befindet sich das Tholosgrab A. Das Niveau des Zugangs liegt mehr als 2 m unter der Erde. Der Kuppelraum wurde vor der Entdeckung des Grabes darunter als Hütte benutzt. Sakellarakis als Archäologe sah sofort, daß es sich um den oberen Teil eines Tholosgrabes handelte: Das war der Anfang der Entdeckung der Nekropole von Furní! Auf dem Grund der Grabkammer fand man nichts außer Schlangen und Schlangeneiern. Aber es gab eine Nebenkammer, wie in Mykene! Die Grabräuber hatten den vermauerten Eingang übersehen. Hinter ihm fand man den Sarkophag der ersten unberührten Königsbestattung: Halsketten aus Karneol, Goldringe, Reste der Tracht einer Frau mit goldenen Applikationen, Gold- und Perlenketten, Bronzegeschirr (Abb. 100/101).

In der Zumauerung der Tür stieß man auf einen Stierschädel: ein tatsächlicher, nicht nur bildlich überlieferter Beweis, daß dem Stierkult auch in den Zeremonien des Totenkultes gehuldigt wurde. Die bildliche Darstellung stammt aus einem Grab bei Ajía Triádha. Dort entdeckte man – etwas abseits von der lebensfrohen Prinzenvilla – den berühmten Sarkophag (Abb. 26, 27): Er zeigt auf der einen Längsseite die Darstellung einer unblutigen Kulthandlung; auf der anderen Seite das Opfer eines gebundenen Stieres. Der Hals ist bereits geöffnet, das Blut wird in einem Gefäß aufgefangen. Unter dem Tisch zwei gebundene Wildziegen, die das gleiche Schicksal erwartet. Die Stirnseiten des Sarkophages zeigen weibliche Gottheiten auf Wagen, auf der einen Seite von Greifen, auf der anderen von Wildziegen gezogen. Der Vogel könnte ein Symbol sein: für die Seele des Toten auf dem Weg ins Jenseits.

Wie paßt das blutige Tieropfer in das bisherige Bild – zum lebensfrohen, beschwingten, unkriegerischen Charakter der minoischen Kultur? Ist dieses Bild falsch, oder gibt es eine Synthese?

II Kulte und Spiele

Am Anfang aller frühen Kulte steht die Vergöttlichung der Natur und von jeher auch das Bestreben, die Gottheit an einen Ort zu binden, den unendlichen Ozean, die fernen Gestirne, die All-Mutter Erde in faßbaren Heiligtümern zu verehren: im Baum, im Stein, im heiligen Berg. Der Berg wird zum Sinnbild für die Größe Gottes: als Wiege, Wohnung, Grab.
In den sanften Hügeln zwischen dem Berg und dem Meer liegt das sagenumwobene Knossós (Abb. 39), berühmt seit jeher durch Homer: Palast des weisen Minos, des Schöpfers der menschlichen Gesetze, denen er sich als oberster Richter selbst beugte. Der versunkene Palast wurde erst 1878 von Minos Kalokerinos aus Iráklion entdeckt. Die wahre Bedeutung von Knossós trat aber erst im Jahre 1900, nach dem Beginn der Ausgrabung durch Arthur Evans zutage: Die Anfänge dieses Palastes reichten weit über Mykene und Troja zurück. Die Entdeckungen Schliemanns hatten das Tor zum Europa des zweiten vorchristlichen Jahrtausends aufgestoßen, Evans setzte durch seine Grabungen an den Beginn dieses Jahrtausends die erste Blüte einer europäischen Hochkultur. Der Ursprung Europas lag nicht mehr in der Welt der Helden Homers. Der Kern der griechischen Mythen wurde Realität: minoische Geschichte. Die kretischen Bergheiligtümer, Ida und Júchtas, werden zur Wiege und zum Grab des Zeus. Festós blickte hinauf zur Kamáres-Höhle des Ida (Abb. 8), das mächtige Knossós sah die Spitze des Júchtas (Abb. 36, 53).

Heute schmücken den Gipfel des Júchtas vier aneinandergebaute Kapellen, jede einem anderen Heiligen geweiht. Ein ausgesetzter Platz zwischen Himmel und Erde – zwischen der Sommerglut der Sonne und eisigen Winterstürmen. Von hier geht der Blick weit nach Osten bis zum Díkti, über die Lassíthi-Hochebene und nach Westen über die Nídha-Hochebene hinüber zu den Gipfeln des Ida-Gebirges. Unwillkürlich denkt man an Daidalos und Ikaros, verspürt den Wunsch, mit Flügeln dem Blick zu folgen. Vier Kapellen sind es, sinnbildhaft für die außergewöhnliche Kontinuität des Kultortes, an dem schon der kretische Zeus verehrt wurde.
Am 6. August jeden Jahres feiert Archánes auf dem Júchtas-Gipfel des hochbedeutende Fest der Metamórphosis. Die Gläubigen bringen an diesem Tag Brot hinauf zu den Kapellen, um es von ihrem Popen segnen zu lassen. Das Brot symbolisiert Fruchtbarkeit.
Metamórphosis bedeutet »Umformung«, »Wandlung«. Kurz vor seiner Anklage offenbart Jesus dreien seiner Jünger seine Göttlichkeit. Für kurze Zeit zeigt sich der sterbliche Mensch Jesus in seiner unsterblichen Herrlichkeit – es ist eine Vorwegnahme der Auferstehung.
Es ist kein Zufall, daß dieses Fest hier oben auf dem Júchtas gefeiert wird: Uralte Vorstellungen sind hier lebendig: der ewige Wandel – in der Natur, im Kreislauf der Jahreszeiten, im Sterben und Auferstehen des kretischen Zeus. An diesem Tag schlägt die tiefe Frömmigkeit dieser Menschen die Brücke: Die alten Götter haben sich verwandelt, der Mensch ist nicht mehr allein, sondern Gott ist in seinem Sohn selbst Mensch geworden und offenbart sich den Gläubigen als Gott der Liebe.

Der Blick vom Júchtas hinunter nach Knossós führt uns dreieinhalb Jahrtausende zurück. – Auf dem Weg von hier nach Archánes liegt ein teilrekonstruiertes Monument, das in der Zeit der Neuen Paläste den Königen von Knossós als Grabstätte gedient hat. Die Anlage, halb Tempel – halb Totenhaus, deutet darauf hin, daß sie nicht nur der Beisetzung diente, sondern auch dem Totenkult. Ähnlich wie bei den Eingängen der Paläste gelangt man zwischen zwei Säulen hindurch zunächst in einen Vorhof, dann in einen Vorraum. Die anschließende Pfeilerkrypta schließlich führt in die Grabkammer. Die Achse der Anlage ist – typisch minoisch – mehrfach gebrochen. Daß es hier, auch unabhängig von Bestattungen, Kulthandlungen gegeben hat, bezeugt – ebenso wie die Darstellungen auf dem Sarkophag von Ajía Triádha – die Vorstellung von einem Leben nach dem Tode.

Die Nekropole Furní von Archánes: Professor Sakellarakis, der Leiter der archäologischen Grabungen auf Kreta, hofft in den Felsspalten oberhalb der bisher gefundenen Gräber zwischen den vor Tausenden von Jahren dort hingeworfenen Gebeinen weitere Kultgegenstände zu finden. Auch Kykladenidole sind hier schon ans Licht gekommen: kleine Grabbeigaben, Figürchen, die Gottheiten oder Anbetende darstellen (Abb. 84). Sie beweisen nicht nur frühe Beziehungen zwischen Kreta und den Kykladen, sondern zeugen auch von den religiösen Vorstellungen der Minoer: Der Gott ist weiblich, der Anbetende, der Adorant, meist männlich gesehen. Die Muttergottheit kann auch im Totenkult nur Symbol der Fruchtbarkeit sein, des Lebens, der Geburt – Vorstellungen, die auf die geheimnisvolle alljährliche Wiederkehr des Zeusgottes hindeuten. Die Erde der Nekropole verwahrt das Wissen um die Ursprünge. Die spirituelle Atmosphäre des Ortes überträgt sich auf die Arbeit – das Öffnen der Erde wird wieder Kulthandlung, wieder Grabkult.

Jeder Fundort wird genau gezeichnet. Solche Blätter lesen sich dann oft wie Szenarien, Bildgeschichten menschlicher Vergänglichkeit und Transzendenz. – Ein kleines Kultgefäß wird aus dem Boden gehoben. Die Erde füllt und umgibt es noch immer wie etwas Schützendes. – Nach der Säuberung werden alle Objekte genauestens gezeichnet, um die verblaßten Muster und Farben in ihrer ursprünglichen Klarheit sichtbar zu machen. Das ist wichtig, da die Keramiken sich am besten zur zeitlichen Einordnung eignen. Oft sind mit ihrer Hilfe Datierungen auch anderer, verwandter Objekte möglich. – Das eben gehobene kleine Kultgefäß stellt sich als eine Opferkanne heraus. Die Löcher im Boden dienten als Sieb zum Verträufeln der Opferflüssigkeit.

Ein Kultschrein aus Ton (Abb. 104, 105), ebenfalls eine Grabbeigabe, erzählt eine kleine Geschichte: Hinter dem Rücken des Wachhundes beobachten zwei neugierige Männer die geheimen Kulthandlungen im Inneren des Heiligtums und die Erscheinung der Göttin. – Das Rundgebäude, in dem vier Männer tanzen (Abb. 107), und die heiligen Stierhörner lassen vermuten, daß dieser kultische Kreistanz zu Ehren eines vergöttlichten Toten, eines Oberpriesters oder Königs, vollführt wird, für den diese Grabbeigabe bestimmt war. – Der sogenannte Ring aus Isópata (Abb. 103) zeigt die Erscheinung der Göttin beim ekstatischen Tanz von vier Frauen. Tanzplatz ist eine liliengeschmückte Wiese unter dem Auge der Göttin. – Ein anderer goldener Siegelring, aus dem Tholosgrab A in Furní (Abb. 102), gibt auf kleinstem Raum eine sehr lebhafte Darstellung des Baumkultes; auch hier ist die Göttin bereits erschienen.

Reigen im Palast von Knossós wird Homer beschreiben: »... Jenem gleich, wie vordem Dädalos in der weitbewohneten Knossos künstlich ersann der lockigen Ariadne. Blühende Jünglinge dort und vielgefeierte Jungfraun tanzten den Ringeltanz ... Kreisend bald hüpften sie, bald mit schöngemessenen Tritten ...« (Il. 18, 590ff.).

Daß wir das alles so plastisch vor uns sehen, ist vor allem den Fresken von Knossós zu verdanken (Abb. 46, 47). Sie waren für Evans die Grundlage der Rekonstruktion des Palastes mit seinen nach unten sich verjüngenden Säulen, den mehrstöckigen, farbenfrohen Fassaden, gekrönt ringsum mit Bändern von Kulthörnern, mit seinen Freitreppen und Plätzen, seinen Korridoren, Zimmern und Kammern, Treppenhäusern, den Sälen und Vorsälen (Abb. 36, 40–45).

In einem Raum des Westflügels das berühmte Stierspringer-Fresko von Knossós (Abb. 48, 49): Wen mag es nach allem erstaunen, daß nicht nur Männer, sondern auch Frauen an diesen akrobatischen Spielen teilnehmen. Die Springerin ergreift – mitten im wilden Galopp des Stieres – die Hörner, schwingt sich, unterstützt von der wütenden Abwehrbewegung des Nackens in die Höhe, vollführt – jetzt mit dunkler Haut, also als Mann dargestellt – einen tollkühnen Salto über den mächtigen Rücken und landet, während der Stier weiterstürmt, sicher mit beiden Füßen auf dem Boden, zur Balance beide Arme nach vorne werfend. Daß diese halsbrecherischen Wettkämpfe tatsächlich stattgefunden haben, legen neben vielen anderen Darstellungen auch Grabfunde nahe: Stierschädel mit beschnittenen, für die Spiele entschärften Hörnern.

Wie ihre labyrinthischen Reigen, so hatten auch die Stierspiele der Minoer religiösen Charakter. Die Spur der Stierverehrung führt zurück über Grabfunde der Vorpalastzeit bis zu den kleinasiatischen und sumerischen Stiergöttern. Und nicht nur die breithüftigen Idole weiblicher Gottheiten aus dem Neolithikum deuten auf einen Kult der Fruchtbarkeit – auch solche frühesten Stierdarstellungen (Fig. 10).

Furní: Zwischen den hingeworfenen Gebeinen alter Bestattungen in den Felsspalten stößt Professor Sakellarakis auf ein Kultgefäß in Form eines Stierkopfes (Abb. 54–61). Man wird ihn in das 3. vorchristliche Jahrtausend einordnen. Die Kontinuität der Nekropole von Archánes erweist sich als noch bedeutender als ursprünglich angenommen. Die Benutzung als Kultgefäß ist ersichtlich aus der Einfüllöffnung für die Opferflüssigkeit im Nacken und durch die Ausflußlöcher im Maul und in den Nüstern. Erst die Waschung offenbart die Ausdruckskraft der Plastik und der eingeritzten Linien. Es handelt sich nicht nur um ein vollendetes Kunstwerk, sondern auch um das vielleicht früheste Zeugnis des Stierkultes auf kretischem, das heißt auf europäischem Boden! – Der Professor vergleicht die Zeichnung seiner Mitarbeiterin mit dem Original. Das Zeichnen hat gegenüber dem Abphotographieren den Vorteil, daß jedes Stück ganz bewußt, in direkter Fühlung mit der Oberfläche und dem Material, untersucht wird. Zufällige oder willkürliche Lichteinflüsse wie bei der Photographie werden dadurch ausgeschlossen.

Wesentlich später datiert das berühmte Stierkopfrhyton aus schwarzem Steatit (Abb. 52): Augen aus Bergkristall, das Maul aus Perlmutt, Hörner aus vergoldetem Holz. Nur die linke Seite ist im Original erhalten. Bewundernswert, wie sich die Spannung und Kraft des ganzen Körpers in diesem Profil widerspiegelt. Am eindrucksvollsten aber ist das Auge – der »Blick«, ruhig und ohne Angst, wie bei einem freiwilligen Opfergang. Das Tier scheint im Bewußtsein des Künstlers menschliche Züge zu tragen – eine Zufallslaune, oder bewußte Hindeutung auf die tiefsten Geheimnisse des Opferkultes?

Der Palast von Knossós war nicht nur königlicher Wohnsitz, er war auch Tempel, oberstes Gericht und Zentrum der Verwaltung; wahrscheinlich lagen alle drei Funktionen in einer Hand: in der Hand des Minos. Nicht nur die Größe des Palastes, vor allem die Fresken (Abb. 46–49; Fig. 26) zeugen von der Macht, dem Reichtum und dem Kunstsinn des Königs. Die Rekonstruktion dieser Fresken war oft nur möglich durch Vergleiche mit Bruchstücken von Fresken anderer Paläste und ist einer der mühsamsten Teile der archäologischen Detektivarbeit. Das Zeichnen hilft aber hier, Zusammenhänge und Entsprechungen zu finden. Winzige Partikel können so zum einzigen Fixpunkt ganzer verlorener Partien werden.

Für die Höhe der minoischen Zivilisation stehen neben der Kanalisation und Wasserversorgung immer wieder die »Badewanne« im »Badezimmer der Königin« und das Gesicht dieser Frau (Abb. 50): Ihr fin-de-siècle-Charme hat ihr bald nach der Entdeckung den Beinamen »die Pariserin« eingebracht. Bei aller Anmut voll magischer Ausdruckskraft ist die »Schlangengöttin« (Abb. 51), die ebenfalls in Knossós gefunden wurde. – Die »erste Straße Europas« führte wohl zum »Kleinen Palast«; ihre Richtung allerdings deutet auch auf Amnissós, den Hafen von Knossós. – Und noch ein Zeugnis aus dem minoischen Alltag: ein Formstein zum Anmachen des Tons aus einer Keramikmanufaktur, wie es sie in den meisten Palästen gegeben hat. Unübersehbar ist der Reichtum an Keramikfunden inzwischen geworden. Trotz dieser Fülle wird mit stets gleicher Sorgfalt weitergegraben, oft mehr mit dem Pinsel als mit Messer und Hacke, ohne Ungeduld, auch wenn die nächste Schicht schon sichtbar ist und vielleicht reichere Ausbeute verspricht.

Kunstwerke sind auch die großen Vorratsgefäße – die Pithoi –, die in jedem Palast in großer Zahl gefunden wurden. Eine Trennung zwischen Kunst- und Gebrauchsgegenstand scheint es für die Minoer nicht gegeben zu haben. Die aufgesetzten und eingeschnittenen Zierbänder sind den Trageseilen nachempfunden, ohne die solche Gefäße nicht einmal leer zu bewegen sind. Sie dienten zur Lagerung von Korn, Oliven, Feigen, Honig, Öl, Wein und Stoffen, nicht nur für den Eigenverbrauch, sondern auch für den Handel.

Die Legende erzählt, daß Glaukos, der Sohn der Minos, einst in ein Honiggefäß gefallen und darin erstickt war. Epimenedes, der blinde Hirte, der durch einen 50jährigen Schlaf in der Ida-Höhle zum Seher geworden war – nicht der Zukunft, sondern der unbekannten Gegenwart – »sah«, wie zwei Schlangen mit einem würzigen Kraut eine tote Schlange wieder lebendig machten, und vollbrachte das gleiche an dem ertrunkenen Glaukos. Auch in dieser Legende vom Tod und der Auferweckung des gottköniglichen Sohnes spiegelt sich das Hauptthema der minoischen Religiosität: das Sterben und Auferstehen des Gottes.

Der legendäre Reichtum von Knossós und der anderen Paläste, den die Pithoi repräsentieren, wuchs vor allem aus dem Handel, aber auch aus der Fruchtbarkeit der Ebenen. Arm ist Kreta an Bodenschätzen. Die Paläste wurden aus Kalkstein und Gips erbaut. Die Säulen oberhalb des Erdgeschosses waren aus Holz, ebenso Dach- und Deckenstreben. Die Steinblöcke sind so genau gemeißelt, daß sie ohne Mörtel aufeinanderstehen. Der königliche Hof als Zentrum der Staatsverwaltung, der Rechtsprechung und des kultischen Lebens, unterhielt nicht nur ständige Bedienstete: Priester, Minister, Beamte, Schreiber, daneben auch ein Heer von Architekten, Steinmetzen, Bauschreinern, Bildhauern, Malern, Keramikern, Goldschmieden, Schauspielern, Akrobaten... Die königlichen Steuern wurden in Naturalien erhoben, und auch bezahlt wurde in Korn, Öl oder Wein.

Ein wichtiges Bindeglied im Wirtschaftssystem Kretas sind die Landgüter, die als Sammelstationen für die Ernten und für die Abgaben an die Paläste dienten (Abb. 71). Hier besaß man die Kenntnisse und Geräte der Weinherstellung, ebenso die der Ölgewinnung. Zur Großmacht wurde Kreta durch den Handel: mit Ägypten, Kleinasien, dem Orient, Nordafrika, sowie den Inseln und dem griechischen Festland, mit der gesamten damaligen Welt also. Kreta, das »Land im Meer«, war ihr Mittelpunkt. Die geistige Kraft dieser Kultur war religiös bestimmt. Sie entsprang und lebte aus einem Bewußtsein immerwährender Erneuerung. So tief saß dieses Bewußtsein, daß sogar die Gottheit selbst nur als ewig Neugeborener vorgestellt werden konnte – als schlafender und erwachender Berg.

Professor Sakellarakis unternimmt mit einer Gruppe von Studenten eine Suchgrabung unterhalb der vermuteten und überlieferten Grabgrotte des Zeus im Sockel des Júchtas. Im Volksmund heißt sie »Höhle des Mannes, der keine Nase hat«, weil hier früher ein Leprakranker hauste. Subneolitische Funde bei früheren Suchgrabungen beweisen, daß hier schon seit über 5000 Jahren Menschen gewohnt und ihre Toten begraben haben.

Júchtas und Ida hüten noch immer die Geheimnisse der kretischen Zeusverehrung. Eine unerklärliche Scheu oder ein noch unerklärlicheres Desinteresse hat bisher alle Archäologen von einer systematischen Grabung abgehalten. – Auch diese kurze Suchgrabung bringt eine Fülle von Tonscherben ans Licht: Vasen und Vorratsgefäße. Ihr Alter, besser ihre relative Jugendlichkeit, ist ein Mosaikstein in der ununterbrochenen Kontinuität des Ortes. – In der steinernen Ruhe des Ortes (Abb. 70) den ewig sich wandelnden Gott zu sehen, war den Minoern kein Widerspruch, sondern tiefste Gewißheit: In der sichtbaren Verwandlung der Jahreszeiten offenbarte der Gott sich ihnen ebenso wie in seiner furchtbaren, erderschütternden Kraft. Im Fallen und Neuerstehen der stolzen Paläste weht der göttliche Atem des kretischen Zeus.

III Funde und Feste

Vom Júchtas, dem »schlafenden Zeus«, reicht der Blick hinüber zum Díkti und von dort weithin nach Ostkreta. Die Lassíthi-Hochebene, Mália, Gurniá und Zákros weisen nach Norden und Osten, auf die Weltzentren der minoischen Zeit: auf Ägypten, den Orient. Und auch auf die Kykladeninseln. Im Vergleich mit Zentralkreta – mit Knossós und Festós – wirkt der Osten etwas unterentwickelt. Der Palast von Mália war wesentlich kleiner und besaß nicht einmal eine eigene Keramikmanufaktur. Aus der Nekropole Chrysolákkos bei Mália stammt aber eines der hervorragendsten Erzeugnisse minoischer Goldschmiedekunst: ein Anhänger in Form von zwei Bienen mit einem Honigklümpchen (Fig. 13). Nimmt man die äußerst natürliche Darstellung ernst – die schlanken Leiber und die Ringelung des Hinterteils – und denkt an die Fabulierfreude der Minoer, so könnten es auch zwei Wespen sein, die den Honigtropfen gestohlen haben und sich jetzt ihre goldene Beute gegenseitig streitig machen wollen. Ein angemessener Schmuck für eine Königin! Und der Dolch mit dem goldenen Griff ist eines Königs würdig! Könige also auch in Mália? Ein weiterer Fund beweist es: Leopard und Axt im Griff eines Zepters vereinigen die Symbole der politischen und religiösen Macht.

Eine Welt für sich – unabhängig von den Herrschern der Paläste – war von jeher die Lassíthi-Hochebene, ein fruchtbares Land, von zahllosen Windmühlen bewässert. Beschützt von unwegsamen Bergketten, hat es sich seine archaischen, bäuerlichen Strukturen bis heute bewahrt. Die Schlitten, auf denen die Frauen beim Dreschen des Kornes sitzen, haben Löcher in den Kufen, in die Obsidiansteine eingepaßt sind. Diese sehr harten Vulkansteine findet man bei allen Grabungen der prähistorischen Zeit.
Die Kontinuität des bäuerlichen Lebens wird auch durch Funde bestätigt. Der von Stieren gezogene Wagen (Abb. 73) ist ein Rhyton, ein Kultgefäß also, ebenso wie der Esel mit den zwei Krügen (Abb. 75). Ein Hirte mit seiner Schafherde im Inneren einer Schale: wie schön empfunden! Das Schalenrund ist Weide, Pferch, ein bergumschlossenes Tal, die ganze Welt – Symbol der Naturgeborgenheit des bäuerlichen Meisters.

Zurück, hinunter zur Küste – weiter nach Osten:

von Ajios Nikólaos nach Zákros und Káto Zákros. Dazwischen das »Tal der Toten« (Abb. 93). Als Student machte hier Ioannis Sakellarakis seine erste erfolgreiche Grabung, unter Nikolaos Platon, dem berühmten Ausgräber von Zákros. Im »Tal der Toten«, wo Platon ihm aufgetragen hatte, »nach etwas zu suchen«, fand Sakellarakis in einer Grotte eine steinerne Dose mit einem sitzenden Hund als Henkel. Glück und Gespür sind ihm seitdem nicht untreu geworden.

Am Ende des Tales, an der Ostküste Kretas, liegt Káto Zákros (Abb. 94), heute wie vor Tausenden von Jahren der einzige Hafen, an dem die Schwammtaucher anlegen, auf ihrem Weg nach Süden oder zurück zu ihren Heimatinseln der Ägäis. Die Grabungen haben hier nicht nur die Grundmauern eines minoischen Provinzial-Palastes freigelegt (Abb. 95–98), sondern auch die einer ganzen Stadt, die einst im Handel mit Ägypten aufgeblüht war.

Der Palast von Zákros ist auch die Fundstelle der berühmten Schatzkammer (Abb. 97). Alle Gefäße und sonstigen Utensilien, die zum Kult im Palastheiligtum gebraucht wurden, konnten hier völlig unberührt geborgen werden. Die meisten der in Zákros gefundenen Steingefäße waren augenscheinlich zum Export bestimmt, die Ausführung war zu kostbar für die Provinz (Fig. 28). Außerdem tauchten sehr ähnliche Gefäße auf ägyptischen Fresken wieder auf. Dreieinhalbtausend Jahre alt ist die Bergkristallvase (Abb. 99).

Durch das »Tal der Toten« zurück nach Zákros, dann hinüber auf die Insel Móchlos in der großen Nordostbucht von Ajios Nikólaos (Abb. 72, 108). Die hier gefundenen Schmuckblätter und Kleiderapplikationen aus der Vorpalastzeit (Fig. 12) wurden auf Kreta von Frauen wie von Männern getragen; so auch goldene Halsketten mit Karneolen, Bergkristallen und Amethysten (Abb. 100). – Aus Stalaktitgestein ist die sehr alte Kanne aus Móchlos (Fig. 11). Interessant, wie das minoische Formprinzip der Torsion, der Verdrehung, sich sogar im Material fortsetzt. – Der Deckel mit einem Hund als Griff aus Móchlos stammt von demselben Künstler wie eine ähnliche Dose aus Zákros. Die Ritztechnik ist typisch für die Herstellung von Steingefäßen in der Vorpalastzeit. Der Vergleich mit Scherben, die in Archánes gefunden wurden, ergibt eine erstaunliche Übereinstimmung.

Zurück nach Archánes, ins Grabungshaus. Professor Sakellarakis bekommt Besuch von einem alten Freund. Vor Jahren hat er seinem Museum ein kostbares Idol einer reitenden »Göttin« (Abb. 74) übergeben, das er auf einem Feld – nicht weit von Anemóspilia – gefunden hatte. Zwar war er dazu gesetzlich verpflichtet, aber – vor allem in vergangenen Jahrzehnten – haben viele minoische Kostbarkeiten auf dunklen Kanälen das Land verlassen. Daß das so gut wie nicht mehr vorkommt, ist ein Zeichen nicht nur des guten Verhältnisses des Professors zur Bevölkerung, sondern auch für eine veränderte Einstellung der Bauern: So etwas wie ein »kretisches Nationalbewußtsein« ist entstanden, das Bewußtsein, Nachfahren der ersten Europäer zu sein. Auch Stolz mag sie erfüllen, wenn sie die Pilgerströme aus der ganzen Welt sehen, die Jahr für Jahr in das Museum von Iráklion und zu den Palästen und Kultstätten der alten Minoer pilgern, um etwas über die Ursprünge des alt gewordenen Europa zu erfahren – hier sind sie noch lebendig. Die »reitende Göttin« oder der den Kult begleitende Lyraspieler sind unsterbliche Figuren auf Kreta.

Auf dem Grabungsfeld draußen hat es eine kleine Sensation gegeben. Ein winziger Elfenbeinarm wurde gefunden. Der Professor hatte mal wieder die richtige Nase, und der glückliche Finder wird noch lange von diesem Augenblick erzählen. – Sakellarakis hat jetzt nicht die Ruhe, sich weiter mit dem Fund zu beschäftigen. Er hofft auf weitere Teile derselben Figur. Wenig später scheint sich seine Hoffnung zu erfüllen: Ein ebenso winziger Elfenbeinkopf: deutlich sichtbar schon jetzt eine Kerbe am Hinterkopf zur Einpassung an ein anderes Material. Die Technik, Holzkörper mit Elfenbeinköpfen und -gliedmaßen zu verbinden, ist bekannt aus spätminoischer Zeit.

In Furní ist noch ein zweites, gleichgroßes Elfenbeinköpfchen gefunden worden. Der Hals ist zum Aufsetzen – vielleicht auf einen Holzkörper – als Sporn geformt. Der zuerst gefundene Kopf hat auffällig riesige Ohren. Zusammen mit der Kerbe im Hinterkopf sprechen sie dafür, daß das Gesicht im ursprünglichen Arrangement nur von vorne sichtbar war.

Am Abend endlich »gehören« die photographierten, gezeichneten und gereinigten Stücke dem Professor. Schon jetzt ist klar, daß es sich hier um höchst bedeutende Funde spätminoischer Kleinkunst handelt (Abb. 76–83). Nichts Vergleichbares ist bekannt. So einmalig sind die Köpfchen, daß man versuchen wird, sie als nachminoisch oder gar römisch zu klassifizieren, ohne Erfolg allerdings. – Ein

schon früher gefundenes Bein – die Fußspitze ist rekonstruiert – gehört augenscheinlich zu einer größeren Figur.
Elfenbein war auch bevorzugtes Material zur Herstellung von Siegeln. Die Palette reicht vom einfachen Siegelblock mit eingeschnittenen Ornamenten bis zum negativ geprägten Schmuckstein (Abb. 86). Das vierzehnseitige Siegel aus Archánes (Abb. 87) war auch als Anhänger zu tragen; ebenso ein auf der Siegelfläche zusammengekauerter Hase. Die Fliege dagegen war wohl nicht für den praktischen Gebrauch bestimmt, sondern wurde nur als Amulett getragen.
Am nächsten Morgen: Die beiden Wissenschaftler vergleichen die Elfenbeinköpfe mit den veröffentlichten Funden anderer Grabungen. Es bleibt kein Zweifel: Es handelt sich um spätminoische Schöpfungen.
Der berühmte »Stierspringer von Knossós« gehörte, nach Bruchstücken weiterer Statuetten zu urteilen, zu einer Gesamtkomposition, die wahrscheinlich die Phasen des »salto mortale« über den Stierrücken darstellte – wie auf dem noch berühmteren Fresko (Abb. 48, 49).

Die Arbeit auf den Feldern und im Grabungshaus ruht: Archánes bereitet sich auf das Osterfest vor, das höchste Fest der griechisch-orthodoxen Kirche. Am Karfreitagmorgen schmücken die Kinder das Grab des Gekreuzigten mit Blumen. Blumen und Kinder am Tag der Kreuzigung – das ist wie ein Hinweis auf den unendlichen Kreislauf von Tod und Auferstehung in der Natur. In der fröhlichen Unbekümmertheit der jugendlichen Grabträger findet die Volksfrömmigkeit ebenso Ausdruck wie in den Gebeten und Gesängen der Alten in der Kirche. Der freiwillige Opfergang des Gottessohnes nach dem Willen des Vaters ist Überhöhung und Erfüllung ältester Vorstellungen: Im Vergießen des Blutes wird die Welt von allen Übeln gereinigt, sogar der Tod überwunden. Der Gottsohn selbst ist – durch sein Sterben und Auferstehen – Gewähr für die Erfüllung der Verheißung. – Die Grablegung ist der Augenblick des tiefsten Schmerzes und der Zweifel, die Gemeinde wird zur Trostgemeinschaft. Blumen wieder, Blüten decken das Grab zu, verwandeln es in den Ort der Auferstehung. – Auch am Samstag vor Ostern ruht die Arbeit. Eine ungewohnt ruhige, gedämpfte Atmosphäre liegt über der Stadt: Archánes wartet auf den Abend, auf die Nacht der Auferstehung. Die Stunden bis Mitternacht verbringt die Gemeinde in der Kirche – mit Gebeten und liturgischen Gesängen. – Mitternacht: Das Licht der Auferstehung verbreitet sich über die Welt. Dann endlich – die jungen Burschen können es kaum abwarten – das traditionelle Feuerwerk.
Im Kult überwindet der Mensch seine dumpfe Daseinsangst. Das Erkennen und die Anrufung Gottes werden zum Inbegriff der Lebendigkeit, Brücke zur Unsterblichkeit und zum ewigen Kreislauf des Lebens. Die im Kult ausgedrückte irdische Daseinsfreude ist der Dank an den Schöpfer.
Den Ostersonntag verbringt man auf dem Lande. Unterhalb der blühenden Hänge des Júchtas steht eine kleine Kapelle – auf den ersten Blick ein Kirchlein, wie es Tausende auf Kreta gibt. Im Inneren aber verbirgt sie eine Besonderheit: kaum sichtbare Fresken, die mit einem Wasserschwamm für kurze Zeit zum Strahlen gebracht werden. Ein Ritual der Neubelebung, wie es zum Auferstehungstag des Herrn nicht besser passen könnte! – Ein Oster-Gottesdienst und eine kleine Prozession beenden die kirchlichen Feiern.
Auf dem Picknickplatz werden schon seit Stunden die Lämmer am Spieß gedreht. Ostern in Archánes ist kein Familien-, sondern ein Gemeindefest. Alle kennen sich, jeder schwatzt und trinkt mit jedem, die Popen immer ein wenig im Mittelpunkt. Diese kleinen Städte im Land sind die gleichen wie vor drei- und viertausend Jahren.

Unter den neunzig Städten der Kreter, von denen Homer berichtet, scheint Gurniá (Abb. 91, 92) ein Zentrum des handwerklichen Gewerbes gewesen zu sein, nach dem, was hier an bronzenen Werkzeugen, an Messern, Nadeln und Angelhaken, Mörsern, Öfen, Lampen und Töpfen gefunden wurde. In der Blütezeit von Gurniá waren seine Häuser aus behauenen Steinen gebaut und die Straßen mit Gipssteinen gepflastert.
In den steilen, verwinkelten Straßen und Gassen wimmelten – wie Homer von Kretas Städten weiter berichtet (Od. 19, 170ff.) – »... unzählige Menschen ... von mancherlei Stamm und mancherlei Sprachen: Achaier, Kydonen und eingeborene Kreter, Dorier ... und edle Pelasger.« Die Stadt ihrer Könige aber sei Knossós gewesen, wo Minos, der Hüter von Kreta, geherrscht hat, der alle neun Jahre mit Zeus, dem großen Gotte, geredet. Seitdem wird auf den Altären der Minoer der kretische Zeus verehrt. Über ihm aber steht die große Muttergottheit, die Quelle allen Lebens, mit allgebärenden Hüften, die Arme und Brüste umringelt von Schlangen. Sie,

nicht das göttliche Kind, das sie in jedem Frühling in einer Höhle des Ida gebärt, ihre unerschöpfbare Fruchtbarkeit besiegt den Tod. Mag der zornbebende Gott die Paläste und Städte in Schutt und Asche legen, sie blühen neu auf unter dem überreichen Segen der Göttin.

IV Von den Müttern zu den Helden

»Blühendes Kreta«, »Elysium der alten Welt«. »Land im dunkelwogenden Meere, fruchtbar und anmutsvoll und ringsumflossen« (Od. 19, 172f.). Homer beschreibt Kreta beinahe wie eine Frau, wie die knossische Schlangengöttin (Abb. 51): fruchtbar und anmutsvoll.
Es ist sicher, daß im Thronsaal von Knossós in der späten Palastzeit von männlichen Herrschern Recht gesprochen wurde. Die Atmosphäre des Raumes aber mutet weiblich an, und auch die Ausstrahlung des Thronsessels: die von alters her überlieferte Blattform, die Knospe im Fuß, die fließende, gefällige, ja schmeichelnde Präsentierung des Herrschers auf seinem Thron. Der »Minos« von Knossós muß nicht immer ein König gewesen sein. Es ist durchaus denkbar, daß hier früher, in der Zeit der Alten Paläste, von Frauen geherrscht und Recht gesprochen wurde. Minos ist ein Herrschertitel wie Pharao oder Cäsar, der nichts über das Geschlecht seines Trägers aussagt.

Ganz anders Mykene: Zwar ist der Thronsaal dem von Knossós ähnlich, doch ist Mykene nicht zwischen sanfte Hügel gebettet, sondern eine ringsum befestigte Trutzburg, ausgesetzt wie der Horst eines Raubvogels (Abb. 118–120). Diese Herrscher blickten nicht vom Tal auf die Spitze des Bergheiligtums. Der Blick geht frei, erobert das Land. Mykene sieht hinunter zum Meer nach Tiryns, der ebenso stolzen Burg in der Ebene.
Wenn die kostbaren Dolche und Schwerter (Abb. 129–131) es nicht bezeugten und die Kampfszenen auf den Bechern und Siegelringen (Fig. 3) – die gefallenen Mauern dieser Burg lassen es schon vermuten: Die Könige von Mykene liebten das Waffenhandwerk. Lange bleibt Knossós das Vorbild. Man bewundert die Minoer, lernt von ihrer Kunstfertigkeit, übernimmt sogar ihre Kulte, und doch wird man ihnen nie gleichen: Mykene, die Burg der achäischen Könige, steht für einen neuen Aufbruch. Hier beginnt das Europa Alexanders und Roms, aber auch das Europa des Aristoteles.
»Schatzhaus des Atreus«, »Grab des Agamemnon« – doch es sind nicht Homers Helden, die hier begraben liegen. Der Name des Achäer-Fürsten ist verloren, der das Löwentor erbaute, die Burgmauer erweiterte, das Schatzhaus errichten ließ und für sich einen unterirdischen Grabesdom; umstritten auch das Jahrhundert, in dem er gelebt hat. Nur so viel scheint gewiß: Es war zur Zeit der Neuen minoischen Paläste, irgendwann zwischen 1650 und 1400 vor unserer Zeitrechnung.
Auch in Mykene wird dem Baumkult gehuldigt. Viele Darstellungen sind nicht nur formal, sondern auch inhaltlich ganz von Kreta bestimmt (Fig. 7): verzückte Tänzerinnen vor Baumheiligtümern und Altären, die Erscheinung der Gottheit. Die Vorliebe der Kreter für die Wespentaille wird noch lange das mykenische Schönheitsideal prägen. Bei dem Goldring mit einer Schiffsdarstellung könnte man sogar eine kretische Arbeit vermuten: Es fällt nicht schwer, sich eine Entführung über das Meer vorzustellen – naheliegend die Erinnerung an Ariadne und ihre verbotene Liebe zu dem griechischen Prinzen Theseus, zumal ein sehr ähnliches Schiff sich auf einem Fresko auf Thera wiederfinden wird (Abb. 168–171). Und dann taucht in Mykene plötzlich etwas Neues auf: Kampfszenen. Zwischen Tieren zuerst. Hier, in Gold und Silber auf der Bronzeschneide eines Dolches, eine Wildkatze, die einen Vogel reißt (Abb. 131).
Tierdarstellungen sind auch bei den Minoern beliebt. Die späte Miniatur eines Flusses aus Akrotíri ist noch immer vom alten minoischen Geist erfüllt: eine melodisch bewegte Naturidylle ohne Gewalt. Und sogar wenn es sich um Jagdszenen handelt, dann sind sie doch ganz anders gesehen. Nicht das Reißen der Beute steht im Vordergrund, sondern die Freude des Künstlers an der Grazie, der spielerischen Leichtigkeit der Flucht.
Die mykenischen Künstler dagegen entdecken das Thema des Kampfes zwischen Mensch und Tier, als Wildjagd mit Pfeil und Bogen und als Kampf mit Schild und Speer gegen die reißende Bestie (Abb. 129, 130). Einer der Jäger oder Treiber ist ihr bereits zum Opfer gefallen.

Und dann – man ist versucht zu sagen, als Krönung – der Kampf Mensch gegen Mensch, Mann gegen Mann (Fig. 3). Das sind keine Wettkämpfe, wie die Stierspiele der Minoer, sondern so kämpfen die Heroen, wie Homer sie einst besingen wird in der Ilias: »... da erschlug er ihn unten, weg mit dem Schwerte die Händ' und das Haupt von der Schulter ihm hauend; ließ dann rollen den Rumpf, wie ein Mörser gewälzt im Getümmel« (Il. 11, 145ff.).

Doch das von Schliemann entdeckte »Gräberrund A« in Mykene (Abb. 127, 128) barg nicht nur aufschlußreiche Siegelringe und Goldschmuck (Fig. 7, 37), sondern einen der sensationellsten Funde der Archäologie überhaupt: die goldene Totenmaske eines Achäer-Fürsten (Abb. 132), eines der frühesten Zeugnisse europäischer Portraitkunst.

Bei der Suche nach Troja hatte Schliemann keinen anderen Wegweiser als Homers Ilias. Über die Lage des goldreichen Mykene bestand nie ein Zweifel. Pausanias, der antike Reiseschriftsteller, schreibt im Jahre 175 n. Chr. (II, 16, 5): »Mykene zerstörten die Argiver. Trotzdem stehen noch Reste der Stadtmauer und vor allem das Tor. Über ihm stehen Löwen, und die Mauern sollen ein Werk der Kyklopen sein. In den Trümmern von Mykene befinden sich die unterirdischen Gebäude des Atreus und seiner Söhne, in denen sie ihre Geldschätze bewahrten.« Soweit Pausanias. Als die Argiver die Stadt zerstörten, lag die Burg schon seit über tausend Jahren in Trümmern. Pausanias redet also von der *Stadt* Mykene, und so sucht Schliemann – in seiner eigenwilligen Art den Zeugen wörtlich nehmend – außerhalb der Burgmauern, im Bereich der Stadt. Und er findet nicht nur Mauer und Löwentor, sondern auch die »Schatzhäuser«, das »des Atreus« und acht weitere.

Die axiale Komposition im Relief des Löwentores (Abb. 121) ist ganz mykenisch, die Altäre und die Säule dagegen sind minoisch. Im Eingang des Palastes von Archánes finden wir nicht nur diese Säulen wieder, sondern auch die gleichen Altarsteine, die die minoischen Kultsymbole Doppelaxt und Stierhorn stilisierend in sich vereinigen.

Grabungsalltag in Archánes. Zwischen den Mauern des minoischen Palastes unterhalb des Grabungshauses mitten im Ort kommen immer weitere Überreste der versunkenen Kultur zutage, die den sichtenden und vergleichenden Archäologen in die Lage versetzen, das Palastleben – Kult und Alltag – wie ein großes Puzzlebild immer vollständiger zu rekonstruieren. Große Gipssteinplatten dienten der Pflasterung der Höfe und Säle. Ein Student hat sich beim Zeichnen auf die umlaufende Bank des Saales gesetzt. Die Wände waren mit Fresken geschmückt, die Möblierung hat man sich sparsam und von nobler Einfachheit vorzustellen. Reste eines auf Kreta sehr kostbaren Marmorfußbodens zeugen von höchster Eleganz des Palastes.

Professor Sakellarakis überwacht jeden einzelnen Schritt der Arbeit. Kein Fund, den er nicht in situ, d.h. an seinem Originalplatz in der Erde, gesehen hat. Ein Stückchen farbiger Verputz, Teil eines Freskos – vielleicht wird es trotz sorgfältigster Archivierung und Katalogisierung für immer heimatlos bleiben, vielleicht aber auch irgendwo eine wichtige Lücke schließen. Zwei Arbeiter haben einen Steinblock mit minoischen Maurerzeichen gehoben. – Tonscherben, immer wieder Tonscherben. Hier – wie bei den Fresken – wird die Einteilung des Bodens in Planquadrate bei der Rekonstruktion helfen. Vor allem bei Scherben mit Farbresten oder eingeritzten Mustern wird alles versucht, um wenigstens den Gesamtentwurf wieder erkennbar zu machen. Wenn der Rekonstrukteur nicht weiterkommt, sucht er in den Scherben der angrenzenden Planquadrate, oder er gibt die Suche erst einmal auf und wendet sich einem neuen Stück zu. Denn je mehr Teilstücke er zusammenklebt, desto leichter wird es, in den Resten passende Teile zu finden.

Unterdessen auf dem Grabungsfeld: Die Arbeiter wuchten zentnerschwere, behauene Steinblöcke – Deckensteine wahrscheinlich – aus den Grundmauern auf den Rand der Grabung hinauf. Andere plazieren nach den Anweisungen des Professors riesige Steinquader zu Andeutungen der ursprünglichen Palastmauern. Hier wie in allen Palästen wurden die Blöcke ohne Mörtel aufeinandergeschichtet. Und auch hier – wie in Knossós – Wasserrinnen, die sich durch die gesamte Palastanlage ziehen: ein System von Rinnen, Röhren, Durchstichen, Zwischenwannen und Zisternen, das sowohl der Wasserversorgung als auch der Abwasserbeseitigung diente. Der Gedanke an die Kotrinnen in den Gassen unserer mittelalterlichen Städte – 3000 Jahre später – vergrößert noch die Bewunderung für die Erbauer dieser Paläste!

Auch diese Technik der Wasserversorgung haben die Mykener wahrscheinlich von den Minoern übernommen. Von der Burg in Mykene gelangte man über einen gut 50 m langen, kunstvoll geschlagenen und gemauerten unterirdischen Gang zu ei-

ner Zisterne (Abb. 125, 126). Das war wichtig für den Belagerungsfall. Der Blick von Osten hinüber auf den Hügel der Burg zeigt die angreifbarste Seite der Befestigungsanlagen (Abb. 118). Die abweisende Vorderseite mit den kyklopischen Mauern und dem prächtigen Löwentor (Abb. 121–123) – uneinnehmbar für Jahrhunderte, zugänglich nur für den Gastfreund.
Die antithetische Stellung der Löwen – genaugenommen sind es Löwinnen – wiederholt sich in einem anderen Steinrelief aus Mykene: Zu Füßen geflügelter Fabelwesen typisch Minoisches: die Mittelsäule und ein Band von Stierhörnern, Wahrzeichen der minoischen Paläste. In dieser Kampfszene zwischen einem Löwen und einer Antilope ist der minoische Einfluß deutlich geringer.
Weit unterhalb des Festungshügels, aber noch innerhalb der alten Stadt und mit direkter Sichtverbindung zur Burg, fand Schliemann das berühmte »Schatzhaus des Atreus«, wie er es – Pausanias folgend – nannte (Abb. 124; Fig. 39). Aber sowohl Zugang und Eingang als auch die Konstruktion des Rundbaus zeigen es ganz deutlich – auch im Vergleich mit dem minoischen Tholosgrab A von Archánes: Es handelt sich hier, wie bei den anderen vier sogenannten Schatzhäusern, um alte Königsgräber. Das Tholosgrab A von Archánes stammt erst aus der mykenischen Zeit von Kreta, aus der gleichen Zeit also wie der Thronsaal in Knossós.

Die Grabungsarbeiten in Furní umspannen die verschiedensten Zeiten und Räume: hier ein Kykladenidol – in situ – aus dem 3. Jahrtausend v. Chr.; da gab es Mykene noch nicht. Es ist die Zeit des Handels mit kleinen Schiffen von Insel zu Insel. Auch das minoische Kreta ist noch nicht voll erblüht; der kleine Kontinent nimmt alles in sich auf: kykladische Idole, ägyptische Farben, Kultsymbole aus Ägypten und dem Orient. Die Kykladenidole deuten auf enge Handelsbeziehungen zwischen Kreta und den nördlich benachbarten Inseln. Ob es kretische Nachbildungen oder Kykladenimporte sind, läßt sich nicht mit Bestimmtheit sagen. Sie sind gewöhnlich aus Stein, seltener aus Marmor; Elfenbein, wie das ebenfalls im Tholosgrab C von Furní gefundene Idol, ist die Ausnahme. Die Löcher in der Mitte des Körpers deuten auf den Orient, und man kann vermuten, daß es auf Kreta, wenn auch von Kykladenkünstlern, hergestellt wurde. Einige Idole sind von bemerkenswerter plastischer Reife. Ein anderes Idol aus dem Tholosgrab C zeigt eine weibliche Figur mit verschränkten Armen – ein Urbild plastischer Formensprache: Aus sparsam akzentuierten Grundformen – Würfel, Kubus, Eiform, Rhombus – wächst ein ebenso harmonisches wie kontrapunktisches Ganzes. Von der gleichen Sicherheit der Formensprache ist der berühmte Lyraspieler aus Marmor (Nationalmuseum Athen), der auf den Kykladeninseln gefunden wurde.

Der Vergleich zwischen den Tholosgräbern von Archánes und den Königsgräbern von Mykene zeigt eindeutig, daß zu jener Zeit Kreta bereits von Mykene beherrscht wurde. Evans hatte noch an eine Eroberung Griechenlands durch die Minoer geglaubt. Als er im März 1900 – fast 25 Jahre nach der Ausgrabung von Mykene durch Schliemann – in Knossós den Spaten ansetzte, wurde ihm sehr schnell klar, daß es sich hier um Zeugnisse einer eigenständigen Hochkultur handelte, die älter war als Mykene. Damit hatte er recht. Die minoischen Einflüsse in Mykene waren aber nicht Folge einer Eroberung, sondern der Handelsbeziehungen zunächst, später dann im Gegenteil einer mykenischen Unterwerfung Kretas. Evans war von Anfang an nicht unwidersprochen geblieben. Kollegen hatten bald mykenische Züge in Knossós erkannt. Trotzdem glaubte man lange der Autorität von Evans – bis zur Entzifferung der Linear-B-Schrift, die auf einer Vielzahl von Tontäfelchen in Knossós gefunden worden war. Sie bewiesen: Auf Kreta wurde damals, um 1400 v. Chr., bereits das mykenische Griechisch der Eroberer gesprochen. Das stolze, befestigte Mykene war die Burg von Eroberern! Die Könige der sorglos eleganten, unbefestigten Paläste von Kreta hatten durch ihre Handels- und Kriegsschiffe lange Zeit das östliche Mittelmeer beherrscht. An Eroberungen scheinen diese Herrscher – oder Herrscherinnen – nie interessiert gewesen zu sein.
Die Burg von Mykene krönte im bergigen Hinterland einen 270 m hohen Felshügel, an dessen Hängen und rings in den Auen sich die alte Stadt ausbreitete (Abb. 119, 120). Das zweifach befestigte Tiryns dagegen liegt im freien Land, nicht weit vom Meer (Abb. 117, 140). Doch ist es nicht weniger mächtig beschützt. Pausanias berichtet von einer Überlieferung, nach der die Mauern von Tiryns ein Werk der Kyklopen gewesen seien; sie hätten sie für einen Fürsten mit dem Namen Proitos erbaut.
Über die Aufgangsrampe gelangt man auf eine Straße zwischen der inneren und der äußeren Befestigungsmauer, die mit Ausblicken auf Meer und Gebirge, durch Reste von Toren, über Treppen und

mehrfach geknickt hinauf in das Innere der Palastburg führt (Abb. 133–138, 141). In den Außenmauern befinden sich Kasematten, die nur militärischen Zwecken gedient haben können, mit labyrinthartigen Gängen zum Rückzug in den inneren Verteidigungsring. In späteren Jahrhunderten haben sie den Hirten der Gegend und ihren Schafen als Unterschlupf und Stall gedient. Die von der Schafswolle polierten, glänzenden Steine zeigen, wie hoch der Stallmist sich über die Jahrtausende vor der Ausgrabung angesammelt hatte. Wahrhaft »kyklopisch« ist das mannshohe Fluchttor in der Außenmauer gegenüber der Aufgangsrampe. An der Rückseite noch sind die Quader größer als in Mykene. Auch scheint die Wehrhaftigkeit der Anlage hier durchdachter – wohl weil man sich nicht auf den Schutz der Berglage verlassen konnte.
Bei den Grabungen in den Burgruinen von Tiryns fand man im Megaron Reste von Fresken, die in vielen Details eine große Ähnlichkeit mit denen aus den minoischen Palästen haben: Stierspringer, Prozessionen von Frauen in kostbaren, ganz »ungriechischen« Gewändern mit unbedeckten Brüsten, aber auch Jagd- und Kriegsszenen, denen man in Kreta nicht begegnen wird.
Der »Ring von Tiryns« zeigt eine Prozession von Fabelwesen mit Schnabelkannen. Ähnliche Prozessionen hat es in Kreta gegeben, aufwendig dargestellt auf dem sogenannten Prozessionsfresko von Knossós: Das Fresko, von dem nur der berühmte »Rhytonträger« (Fig. 26) einigermaßen vollständig erhalten ist, schmückte die Wände eines langen Korridors und der »Großen Propyläen« des Palastes mit insgesamt ungefähr 350 Gestalten. Erhaltene Reste von tirynischen Fresken solcher Frauenköpfe (Abb. 139) haben bei der Rekonstruktion der »drei blauen Damen« von Knossós eine bedeutende Rolle gespielt. Vielleicht waren es sogar kretische Künstler, die die Burgpaläste der Eroberer ausschmückten.

Der minoische Charme hatte die mykenischen Helden längst erobert und untertan gemacht, als Mykene sich anschickte, Kreta zu unterwerfen. Zeus hat Europa, die blühende Jungfrau, nicht nur geraubt, er hat ihr Gewalt angetan. Zwar diente er ihr über ein Jahrtausend, dann aber vergaß er sie und die liebliche Brautzeit im vaterstolzen Anblick seiner heldischen Söhne. Und lange blieb Kreta – die Mutter – vergessen.

V Untergang und Wandlung

Der Anblick der Bergheiligtümer erfüllte die Minoer mit Ehrfurcht und Scheu – nicht nur als Wiege und Grab der Gottheit. Der Berg selbst war heilig und unheimlich – Ausgeburt der großen Urmutter, ein schlafender Gott, von dessen erwachendem Atem die Erde erbebt und dessen Quellen die Erde erblühen lassen.
Die Standorte der minoischen Paläste und Kultstätten erscheinen manchmal etwas zufällig, sie sind es aber so wenig wie die der Blumen, die am schönsten nahe der Quelle erblühen. Die griechischen Kultorte dagegen – Delphi, Sounion, Olympia – haben etwas Zwingendes, sie könnten nirgendwo anders liegen. So ein Ort ist auch Anemóspilia bei Archánes. Der Blick vom Tempelheiligtum auf dem kleinen Felsplateau ging weit hinaus nach Norden, hinüber zu der drohenden Vulkaninsel Santorín.
Professor Ioannis Sakellarakis macht mit einigen seiner Studenten einen Ausflug zu dem 1979 von ihm ausgegrabenen Kultort. Der alte minoische Weg ist die Grenze zwischen den Weinbergen unterhalb und den Felsen oberhalb des Plateaus und führt noch heute, wie vor 3700 Jahren, in einer engen Schlinge um den heiligen Bezirk (Abb. 147).
Die eigentliche Entdeckerin von Anemóspilia war Efi Sakellarakis, die Frau des Professors. Sie hat die Wichtigkeit des Ortes sofort erkannt und den Professor überzeugt, hier zu graben.
Anemóspilia ist kein Ort für eine Kapelle, zu der die Bauern pilgern, um ihre Kerzen anzuzünden; er ist »gesucht«, mit Überlegung, nach einem religiösen Programm: nicht am Meer, nicht im Land, nicht auf dem Gipfel, nicht am Fuße des Berges; es ist auch kein Platz für ein Baumheiligtum, es gibt keine Quelle, keine Kultgrotte – nur der weite Blick. Kein Gipfelblick, wie gesagt – sondern »nur« von einem Tempelheiligtum: Nicht der Berg, sondern der Tempelbezirk ist der heilige Ort. Der Ort des Kultes und der Anbetung ist von der Natur in die menschliche Behausung verlegt, in den Menschen selbst. Der Tempel wird zum Symbol des Menschen vor Gott. Wie die Seele im Leib, so wohnt Gott im Tempel

seiner Gläubigen. Es ist kein Tempel für Menschen, die von Angst, einem dumpfen Fühlen getrieben vor die Gottheit treten. Die Menschen, die hier ihr Knie beugten, taten es in dem Hochgefühl, eine Seele zu besitzen, selbst ein Teil des Göttlichen zu sein.

Am ersten Tag der Grabung, erzählt Sakellarakis, kam ein Bauer vorbei und meinte: »Schöner Ort zum Graben ist das.« »Wieso?«, fragte der Professor. Des Bauern Antwort: »Weil hier die Vögel am schönsten singen.«

Das Bauwerk bestand, wie man bald erkennen konnte, aus drei Räumen und einem vorgelagerten Korridor (Abb. 143). Diese Anlage entspricht keinem Teil der minoischen Paläste, noch deren labyrinthischem Gesamtplan, noch den Grabtempeln der Könige, auch nicht den Grundrissen von minoischen Landgütern und Villen. Ein Bauwerk ohne Parallele also? Ja – jedenfalls im minoischen Kreta. Fremde Einflüsse sind aber auch nicht zu erkennen.

Die Fundsituation des *Vorraumes,* nach Verräumung der oberen Erdschichten, brachte den ersten Anhaltspunkt: ein Kultgefäß. Hier stand also ein Tempelheiligtum! Das Skelett eines Mannes, schon nach der ersten Grabungswoche hier gefunden, hinterließ Beunruhigung. Was hatte es zu bedeuten? Immerhin: Bisher waren noch nie menschliche Knochen in minoischen Palästen oder Häusern gefunden worden.

Auffällig, wie hoch die Tempelmauern erhalten geblieben sind und wie flach dabei die ganze Ausgrabung war. Um so erstaunlicher, bedenkt man das Alter der gefallenen Mauern! Die Keramikfunde im Korridor sprechen dafür, daß der Tempel am Ende der Zeit der Alten Paläste zerstört worden ist, um 1700 v. Chr., durch dasselbe Erdbeben, das auch die Paläste in Schutt und Asche sinken ließ. Die Kultgefäße zeigen den für die Zeit der Alten Paläste typischen Kamáresstil. Der Grundriß des Tempels dagegen folgt nicht dem üblichen labyrinthischen Muster; er erscheint immer mehr als Ergebnis einer bewußten, religiös bestimmten Gestaltung.

Rohe, ungehauene Felsen an der Südwand des *Zentralraumes:* Das war der Kultort anstelle eines Altars. Der Fels des Berges sollte sichtbar bleiben vor der Gottheit. Die Fundsituation im Zentralraum: große Vorratsgefäße, Scherben von Schalen, Bekken, Kannen, einhenkeligen und zweihenkeligen Tassen. Alles fand sich schön geordnet, gestapelt, nicht von hinten nach vorn wie in einem Magazin, sondern zum Gebrauch: Hinten, am Ort der Kulthandlung, mußte der Platz frei bleiben.

Auf der Bank aus behauenen Felsen, neben dem heiligen, unbehauenen Stein, wurden zwei tönerne Füße gefunden. Sie gehörten – die Stutzen für die Einpaßform und die nebenbei gefundenen, verkohlten Holzreste beweisen es – zu einer hölzernen Figur, einem sogenannten Xoanon. Solche puppenartigen Statuen hat nach antiker Überlieferung einst Daidalos konstruiert. Darstellungen der minoischen Kunst standen Pate bei einer Rekonstruktionszeichnung: Es handelt sich um das Standbild einer Gottheit. Der lange Überwurfmantel läßt die Arme unsichtbar. Die Umrißnachzeichnung des Schalengrundes einer Kamáresvase zeigt das gleiche Bild der erscheinenden Gottheit, ohne Arme. Die Kulttracht der Tänzerinnen könnte aus Fell sein, aus dem gleichen Material jedenfalls wie auf dem Sarkophag von Ajía Triádha.

Der Kult, die Darbringung des Opfers vor dem kostbar bekleideten Standbild der Gottheit, vollzog sich im Zentralraum. Die Nebenzimmer, so konnte man jetzt vermuten, würden der Vorbereitung der Opfer dienen.

Die Funde im *Ostzimmer* – ein Stufenaltar, Becher mit Linear-A-Schriftzeichen, Kultschalen, Schnabelkannen – waren nicht weniger eindeutig als die des Zentralraumes. Hier wurden die unblutigen Opfer vorbereitet: Trankopfer aus Wein und Honigwasser, Öle, Früchte, Körner, Meeressteine...

An der Rückwand fand man einen stufenartigen Altar, auf dem die Opferschalen und -kannen standen. Auf einem Kultgefäß aus Zákros (Fig. 8) ist ein solcher Altar dargestellt: Der darübergeneigte Zweig besagt, daß hier, wie im Tempel von Anemóspilia, unblutige Opfer dargebracht wurden. – Die Scherben einer großen Früchteschale konnten zu ihrer ursprünglichen Form zusammengesetzt werden. Die gleiche früchtevolle Opferschale ist auch auf dem Sarkophag von Ajía Triádha dargestellt.

In diesem Stadium der Grabung drängte sich die Vermutung auf, daß das verbleibende Westzimmer des Tempels der Vorbereitung der blutigen Opfer gedient haben könnte. Das heißt, die in den Seitenräumen vorbereiteten und geweihten Opfer wurden über den Korridor – im feierlich-gemessenen Prozessionsschritt – in den Zentralraum gebracht. Das Steinbecken neben der Eingangstür zum Zentralraum erinnert an eine Weihwasserschale, vielleicht mußte man sich vor Betreten des heiligen Raumes einer Zeremonie unterziehen.

Das Skelett des Mannes bekam jetzt Bedeutung: Da es sich im Tempel befand, könnte es einem Priester gehört haben. Der Kopf deutet nach außen, zum Eingang des Tempels. Neben seinen Füßen fand man das wichtigste Gefäß der ganzen Grabung: eine Kultvase mit einem aufmodellierten Stierrelief (Abb. 145). Vielleicht diente es zum Sammeln des Blutes. Auch die Fundsituation zwischen gefallenen Steinen – also nicht auf dem Boden – ist wichtig: Der Mann und die Vase könnten zusammengehören. Die Szene wird lebendig: Die Erde bebt, die ersten Deckensteine fallen, der »Priester« soll das Allerheiligste – das Blut des Stieropfers – retten, ins Freie tragen, ein Stein schlägt auf seine Wade, er fällt, und über ihm stürzen weitere Steine. – Die Rekonstruktionszeichnung der Vase zeigt einen Stier auf der Weide, ungefesselt, in blühender Lebendigkeit.

Tierknochenfunde vor dem Eingang zum *Westzimmer* nehmen die letzten Zweifel: Man wird ein unberührtes Stieropfer finden. Doch die hochgespannten Hoffnungen werden enttäuscht: keine Kultgefäße, keine Knochenreste, nichts außer gefallenen Steinen.

Dann, in der rechten hinteren Ecke, ein rundes Ding, porös, löchrig. Kein Schädel! Sakellarakis ist sich sicher, er hat Hunderte von Menschenschädeln aus der Erde gehoben. Ein Straußenei vielleicht? Nein, doch ein Schädel! Die kleinen, punktförmigen Löcher sind Folge einer Krankheit, der mediterranen Anämie, die in alter Zeit sehr verbreitet war. Das Skelett – unter Steinen begraben – gehörte einer Frau, einer Priesterin. Ihre Funktion bei der Kulthandlung ist unklar, da kein Gegenstand bei ihr gefunden wurde. Eindeutig aber auch bei diesem zweiten Skelett die Position: gefallen unter dem zusammenstürzenden Tempel. – Doch keine Tierknochen, keine Stierschädel. Und wo hatte der Altar gestanden? Die letzten Schichten bereits über dem Fußboden werden abgehoben, da plötzlich ein weiteres menschliches Skelett – das dritte!

Stundenlang standen die Bauern bei der Grabung auf den Resten der Tempelmauern und betrachteten mit ehrfürchtigem Schweigen diese Gebeine. Die wissenschaftliche Untersuchung durch Anthropologen und Gerichtsmediziner bestätigte dieses Gefühl von etwas Besonderem: Es ist das Skelett eines etwa 1,80 m großen Mannes. Das ist eine für jenes Jahrtausend ganz ungewöhnliche Körpergröße! Er war ein hoher Priester, so gewaltig und schön gebildet, daß jedermann mit einer natürlichen Scheu zu ihm aufgeblickt haben muß. – Ein Student soll die Lage, in der das Skelett gefunden wurde, demonstrieren. Die »Boxerposition«, wie die Gerichtsmediziner sagen – ein Fuß nach hinten, Arme vor dem Brustkorb angewinkelt, den Oberkörper nach hinten gebeugt, den Kopf im Nacken –, ist ganz typisch als Abwehrbewegung gegen etwas von oben Fallendes. Hier also der exakte Beweis, daß die Decke über dem Priester zusammengefallen ist. – Auf einem Finger der linken Hand wurde ein Silberring mit einer Eisenverkleidung gefunden. Das Siegel ist leider korrodiert. Ein solcher Ring war, mehrere Jahrhunderte vor Beginn der Eisenzeit, mindestens ebenso wertvoll wie ein goldener. Ein kostbar graviertes Achatsiegel, ebenfalls bei dem Skelett gefunden, zeigt ein Schiff mit einem Ruderer auf der Fahrt zwischen hellem Tag und schwarzer Nacht – zwischen Leben und Tod. Ring wie Steinsiegel sind als Insignien der priesterlichen Würde zu deuten.

Neben dem Priester wurden die Reste eines flachen Altares gefunden, ähnlich dem an der Westfassade des Westhofes in Knossós. Das Fundament war aus Stein, darüber eine Holzabdeckung. Auf dem Altar Reste eines vierten menschlichen Skeletts – zwischen den Knochen ein Messer! Ein über 46 cm langer Dolch, fast ein Schwert (Abb. 146). Auf beiden Seiten der Schneide sind Mischwesen eingraviert: Augen wie die eines Fuchses, die Hauer eines Ebers, das Fell seitlich gescheitelt wie die Flügel eines Schmetterlings, die rüsselartige Schnauze wie der Leib des Insektes. Das ist nicht Dekoration, das ist die geheimnisvolle »Heraldik« eines Ritualmessers!

Und es war kein Stier, sondern ein Mensch, der hier der Gottheit als Opfer dargebracht wurde. Ein Menschenopfer in der Hochblüte der minoischen Kultur! Das Opfer lag mit der rechten Seite auf dem Altar. Nach seiner Haltung zu urteilen, war es gebunden. Der Priester hatte das Ritual bereits vollendet, das Blut war gesammelt, als das Erdbeben den Tempel zerstörte und das Feuer ausbrach (Abb. 146). Die »gerichtsmedizinische« Untersuchung der Gebeine beweist es: Die Knochen der unten liegenden Körperhälfte sind durch den Eisengehalt des noch vorhandenen Blutes schwarz gebrannt, die oberen aber durch den Schutz des ausgebluteten Fleisches weiß geblieben. Das Opfer war – Ergebnis derselben Untersuchung – ein Jüngling von erst achtzehn Jahren!

Der Sarkophag von Ajía Triádha (Abb. 26, 27) stellt die verschiedenen Kulthandlungen in großer Vollständigkeit dar: das blutige Stieropfer bei besonderen Anlässen und als Höhepunkt der jährlich wiederkehrenden Kultfeste. Auch Ziegen, Schafe und Böcke werden dargebracht. Daneben die gewöhnlichen – vielleicht täglichen – unblutigen Opfer. Prozessionen von Musikanten und Trägern von Kultgefäßen und Tänze begleiten die Kulthandlung. Das ohne Arme dargestellte Standbild der Gottheit ist – wie in der Zeit der griechischen Herrschaft nicht anders zu erwarten – mit dunkler Hautfarbe gemalt, das heißt männlich gesehen.

Beim Schächten ist der Stier natürlich gebunden. Warum aber ist auch der Jüngling von Anemóspilia gebunden, wenn sein Opfer freiwillig war? Dargebracht wird nicht der Körper des Opfers, sondern sein Blut. Es ist zu kostbar, als daß auch nur ein Tropfen verlorengehen darf. Deshalb die Fesselung. Sie ist kein Zwang, sondern gehört zum wohldurchdachten Ritual.

Das von Efi und Ioannis Sakellarakis entdeckte Menschenopfer von Anemóspilia zerstört nicht das friedliche und lebensfrohe Bild der minoischen Kultur. Abraham war bereit, Isaak seinem Gott zu opfern, Agamemnon seine Tochter Iphigenie der Göttin Artemis. Das Menschenopfer von Anemóspilia steht in dieser spirituellen Tradition. Der Tempel ist kein Ort des Grauens, sondern ein heiliger Ort. Hier haben Menschen im Angesicht einer alles vernichtenden Erdbebenkatastrophe in höchster Not den letzten, schwersten Schritt getan, um den Zorn der Gottheit zu mäßigen. Der Opfergang des jungen Mannes ist nicht Selbstverleugnung, sondern von tiefer Religiosität bestimmt.

Es waren nicht die Flutwelle und das Erdbeben des großen Ausbruchs von Thera, die den Tempel von Anemóspilia zerstörten. Thera wird erst rund zweihundert Jahre später in einer der größten Naturkatastrophen der Geschichte im Meer versinken – nur den Kraterrand des Vulkans, einen Kranz von schroffen Inselbruchstücken, hinterlassend (Abb. 153–155). Die Explosion löste eine, wie man vermutet, 100 m hohe Flutwelle aus, und ihr Aschenregen bedeckte die zerstörten Siedlungen auf den abgebrochenen Resten der Insel mit einer meterhohen Schicht von Bimsstein und Vulkanstaub. Ganz zur Ruhe gekommen ist der Vulkan noch immer nicht.

Der griechische Archäologe Spyridon Marinatos stieß im Jahre 1932 bei der Ausgrabung von Amnissós, dem Hafen von Knossós an der Nordküste Kretas, auf Bimsstein, also vulkanisches Material. Kreta aber ist keine Vulkaninsel. So kam er auf den Gedanken, der Bimsstein müsse von Santorín stammen, von Thera, wie die Insel in der Antike hieß. 1939 trat er nicht nur mit dieser These vor die Öffentlichkeit, sondern auch mit der, daß der Vulkanausbruch von Thera um 1500 v. Chr. mit Erdbeben und Flutwellen der Grund für den Untergang der minoischen Kultur gewesen sei. Von Thera waren dabei nur tote, aschebedeckte Felsen übriggeblieben – die Grundstruktur eines mutwilligen Naturdenkmals (Abb. 153–155).

Der größte Edelstein im Inseldiadem ist Santorín. Ein wenig beschützter Hafen unter himmelhohen Felsenwänden, darüber Fíra, die weiße Stadt (Abb. 152).

Im flacheren Süden der Insel liegt das Darf Akrotíri (Fig. 33). Eine ganze minoische Stadt schlief hier seit über 3500 Jahren unter der Vulkanasche – bis Marinatos sie 1967 auszugraben begann (Abb. 156–163). Mehrstöckige Häuser zwischen engen Gassen und kleinen Plätzen, wie man sie sich beim Anblick der Grundmauern von Gurniá oder der Wohnstadt von Festós vorgestellt hatte und wie sie ein in Archánes gefundenes Hausmodell (Fig. 27) in schöner Detailtreue zeigt: Säulen im ersten Stock, ein Balkon, ein Treppenhaus, sogar Andeutungen einer Möblierung sind erkennbar. Eine Palaststadt wie Archánes ist Akrotíri nie gewesen. Ein unbedeutendes Städtchen eher auf einer von den Kretern als armselig angesehenen Insel. Doch jetzt – mehr als 3500 Jahre später – ist es plötzlich reich geworden, berühmt durch das Erdbeben, das es zerstört hat.

Die vielen, wunderbarerweise erhaltenen Fresken (Abb. 164–171) haben, obwohl sie von vergleichsweise mäßiger künstlerischer Qualität sind, einen unschätzbaren Wert für die Rekonstruktion der oft fast vollständig verlorenen Fresken der minoischen Paläste. Nicht nur die Säle und Korridore der Paläste waren also mit Fresken geschmückt, sondern auch die Wände der Zimmer und Kammern der etwas wohlhabenderen minoischen Stadthäuser.

Die Grundmauern der Häuser haben die Erdstöße erstaunlich gut überstanden. Bevor sie fielen, konnten die glatt behauenen Quader – weil sie ohne Mörtel aufeinandergeschichtet waren – sich gegeneinander verschieben und so einen Teil der Erschütterungen abfangen. Ein Hauseingang zeigt die typische Struktur des Aschenregens: unten die größeren und schwereren Bimssteinbrocken, nach oben dann immer feiner und dichter werdend.

Wie bei den Ausgrabungen auf Kreta hat auch in Akrotíri die Töpferkunst die zahlreichsten Zeugnisse hinterlassen: bemalte und verzierte Tonfässer, Amphoren, Kannen, Töpfe, Schalen, Becken und anderes Küchengeschirr. In den großen Vorratsgefäßen, den Pithoi (Abb. 162, 163), wurden Gerste,

Mehl und Hülsenfrüchte gefunden. Vom Speiseplan der vorgeschichtlichen Bewohner von Thera berichten verkohlte Reste von Schnecken, Seeigeln, Bohnen und anderen Früchten, die in den wohlorganisierten Küchen in Kesseln, Töpfen und Mörsern auf Kohlenpfannen oder Feuerbecken zubereitet wurden. Ein ebenfalls pfannenartiges Becken mit brennenden Kohlen wird auf einem Fresko von einer jungen Priesterin mit Weihrauch bestreut (Abb. 166). Eine Kulthandlung!

Im sogenannten Haus der Frauen zeigen sich die Damen in barbusiger minoischer Tracht. Das Gesicht ist nach einem zweiten Fresko im gleichen Raum ergänzt worden. – Die Antilopen (Abb. 167), mit sicheren Strichen auf den noch feuchten Putz gemalt, schauen sich gegenseitig an – mit sanften, fast menschlichen Blicken. Die beiden Kinder beim Boxkampf im selben Zimmer sind von der gleichen, reizenden Beweglichkeit. Ihre Augen blicken nicht weniger sanft als die der Antilopen. So oft man zwischen den beiden hin und her schaut, der Wettkampf bleibt spielerisch, die Treffer wirken wie Liebkosungen. Der junge Fischer auf dem Fresko im Westhaus trägt eine reiche Beute (Fig. 34). Der Stand der Füße, die durchgedrückten Knie und der hohle Rücken zeigen bei aller Anmut auch die Anstrengung, die Last zu halten.

Das Meer war nicht nur die wichtigste Nahrungsquelle, sondern auch die Verbindung zur übrigen Welt: Handelsweg. Die Miniatur eines Geleitzuges über das Meer – ebenfalls im Westhaus von Akrotíri (Abb. 168–171) – ist eine vollständige Bildgeschichte minoischen Lebens: ein flußdurchschlängeltes, bergiges Land, bewaldet und reich an Wild; eine menschendurchwimmelte Stadt mit bunten Fassaden; kleine schlanke Schiffe mit sehnigen Ruderern, größere mit schattenspendenden Baldachinen und Reihen gleichschlagender Ruderer. Vor dem schöngeschmückten Bug das Meer, bevölkert von hochspringenden Delphinen und silbernen Fischen. Das kostbar beladene Hauptschiff ist sicher beschützt inmitten der schnellen Geleitschiffe. Am Horizont endlich unter den Segeln, blau im Dunst, die langerwartete Küste, der sichere Hafen.

Eine blühende, lebensfrohe, unkriegerische Welt, segensreich verbunden mit ihren Gottheiten durch vielgestaltige Kulte der Fruchtbarkeit. Doch dann erhebt sich der Gott, der Vulkanberg im Norden, zerreißt das Band mit der Mutter Erde. Das Land erbebt, das Meer steht auf. In den Tempeln, um den Zorn der Gottheit zu mäßigen, werden Blutopfer gebracht – doch Europa, die Mutter, fällt, sinkt in Schutt und Asche. Und Zeus, der zum Manne erwachte Sohn, wählt sich neue Gefolgschaft: die heldischen, vaterstolzen Achäer – Mykene und Tiryns. Und der Gott schenkt ihnen leichte Eroberung: die Schiffe der Kreter im Hafen gesunken, die Paläste in Trümmer gefallen, die krönenden Kulthörner, die Throne, die Heiligtümer zugedeckt vom staubigen Atem des aufgestandenen Gottes.

Die minoische Kultur diente ihren Eroberern noch lange mit ihrem blühenden Frühlingsgesicht, nicht alternd, aber langsam, fast unmerklich versinkend in ihr Schicksal: die Vergessenheit.

Nach über 3000 Jahren werden späte Europäer sie wiederentdecken und verwundert erkennen, daß der Ursprung Europas das weitentfernte Ziel schon vor Augen hatte.

Olympos
Peneios
THESSALIEN
Larissa
Gomphoi
Pherai
Pelion
Inachos
LEMNOS
TENEDOS
Troja
Ida
Tarsios
Mytilene
Pergamon
Kaikos
LESBOS
Myrina
Kyme
Phokaia
PEPARETHOS
ÄGÄIS
SKYROS
Parnassos
LOKRIS
PHOKIS
AITOLIEN
Delphi
Orchomenos
EUBOIA
Chalkis
Eretria
Theben
BOOTIEN
Megara
Eleusis
Smyrna
Klazomenai
Erythrai
CHIOS
IONIEN
ACHAIA
Sikyon
Kyllene
Elis
Athen
ANDROS
Stymphalos
ARGOLIS
Korinth
SALAMIS
Mykene
Brauron
Olympia
ARKADIEN
Argos
Epidauros
AIGINA
KEOS
TENOS
IKARIA
SAMOS
Ephesos
Mykale
Milelos
Alpheios
Lerna
Tiryns
Megalopolis
Troizen
MESSENIEN
Hermione
KYNTHOS
DELOS
Didyma
KALAUREIA
LAKONIEN
Sparta
Pylos
Eurotas
PAROS
NAXOS
SERIPHOS
SIPHNOS
MELOS
IOS
Kap Tainaron
THERA
KYTHERA
KRETA
Kydonía
Knossós
Ida
Mália
Archánes
Gurniá
Gortyn
Zákros
Ajía Triádha
Festós

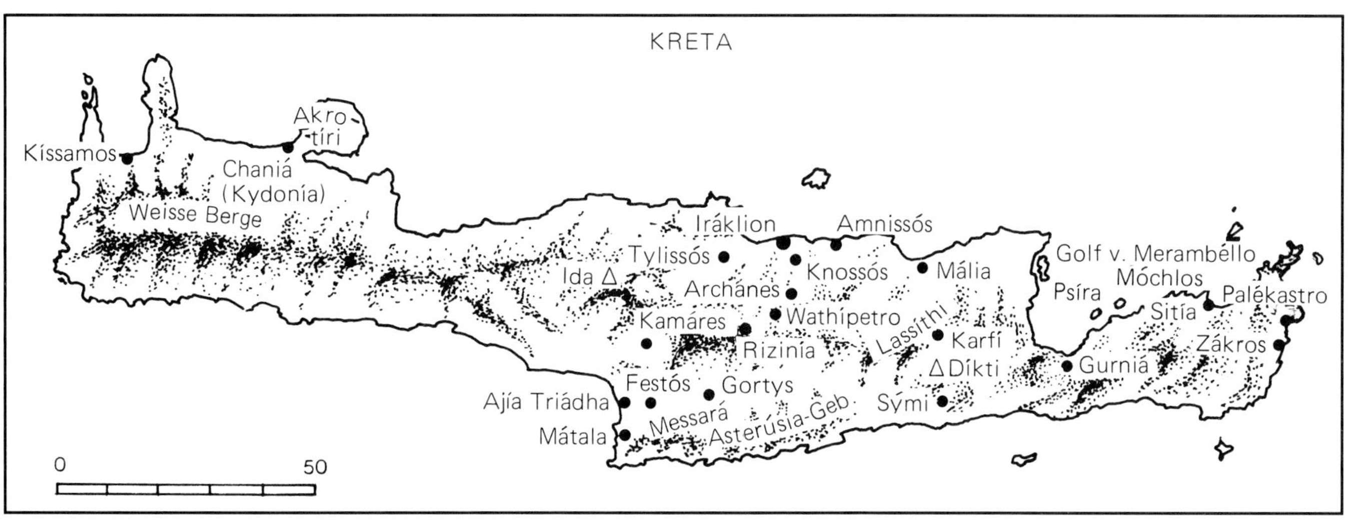
KRETA
Akrotíri
Kíssamos
Chaniá (Kydonía)
Weisse Berge
Iráklion
Amnissós
Golf v. Merambéllo
Tylissós
Knossós
Mália
Ida
Archánes
Psíra
Móchlos
Palékastro
Kamáres
Wathípetro
Lassíthi
Sitía
Rizinía
Karfí
Zákros
Díkti
Gurniá
Festós
Gortys
Ajía Triádha
Sými
Messará
Asterúsia-Geb.
Mátala
0
50

1 Blick über die Messará-Ebene zum Ida-Gebirge

2 Blick entlang der Südküste der Messará-Ebene bis zu den Weißen Bergen (Nomós Chaniá) in Westkreta

4 Die Messará-Ebene und das Ida-Gebirge

3 Bronzeschiff aus der Idäischen Grotte mit mythologischer Darstellung (Theseus und Ariadne?), 725–650 v. Chr. Archäologisches Museum Iráklion, Vitrine 169, Nr. 183

5 Weinkrug aus Arkádhes (Afratí)/Wiánnos mit mythologischer Szene (Theseus und Ariadne?), 725–650 v. Chr. Archäologisches Museum Iráklion, Vitrine 163, Nr. 7961

6 Bronzekunst: Zwei Wildziegen aus Festós/Ajía Triádha, 1700–1300 v. Chr. Archäologisches Museum Iráklion, Vitrine 102, Nr. 822 und 823

◁ 7

8

7 Westküste der Messará mit der Insel Paximádhia
8 Östlicher Ausläufer des Ida-Gebirges mit den beiden Gipfeln Skaroneró (1917 m, links) und Máwri (1981 m), darunter an der unteren Schneegrenze die Kamáres-Grotte 9 Südküste bei Plakiás/Ajios Wassílios mit Blick zur Messará-Bucht

9

10 Der Júchtas (links) und das Ida-Gebirge (rechts)
11 Archánes/Témenos

12–15 Archánes/Témenos: Grabung im Zentrum der Ortschaft

16 Kretische Südküste bei Mátala/Pirjiótissa

17 Der minoische Palast von Festós in der Messará, im Hintergrund das Asterúsia-Gebirge/Kainúrjio

18, 19 Palast von Festós:
18 Treppenanlage des Neuen Palastes;
19 Bereich des Alten Palastes

20–23 Funde aus Festós im Archäologischen Museum Iráklion:
20 Schnabelkrug aus dem Alten Palast (Kamáresstil mit Spiralmustern), 1850/1700 v. Chr. (Vitrine 34, Nr. 10073);
21 Krater mit plastischen Blüten (Kamáresstil) aus dem Alten Palast, um 1850/1700 v. Chr. (Vitrine 43, Nr. 10578);
22 Schnabelkanne mit Schilfdekor (Florastil) aus dem Neuen Palast, um 1550/1520 v. Chr. (Vitrine 49, Nr. 3856);
23 Ton-Alabastron mit Wasservögeln aus der Nekropole bei Kalýwia/Pirjiótissa, um 1300 v. Chr. (Vitrine 79, Nr. 1588)

24, 25 Villa von Ajía Triádha/Pirjiótissa:
24 Blick zur Westküste und zur Insel Paximádhia;
25 Wasserleitungen des Haupthofes (im Süden)

26, 27 Porossarkophag aus einem Kammergrab nahe der Villa von Ajía Triádha, um 1400 v. Chr. Archäologisches Museum Iráklion, Vitrine 171:
26 Darbringung und Ausgießung der Opferflüssigkeit bei einem Heiligtum mit Doppeläxten (links) und Opferprozession mit zwei Kälbchen und einem Schiffchen für den mumifizierten (?) Verstorbenen (rechts);
27 Stieropfer unter Flötenmusik (links) und Opferung von Früchten und Wein bei einem umzäunten Baumheiligtum mit kultischen Stierhörnern und Doppeläxten (rechts)

28 Gortís: Apollon Pythios-Tempel der Hauptstadt der römischen Provinz Creta et Cyrenae, 3./2. Jh. v. Chr.
29–34 Gortís: 29 Opferaltar vor dem Apollon Pythios-Tempel;
30 Heiligtum der ägyptischen Gottheiten Isis und Serapis;
31 Fragmente aus dem Heiligtum der ägyptischen Gottheiten;
32 Westeingang des Heiligtums der ägyptischen Gottheiten;
33 Prätorium; 34 Nymphaion

29
30

31
32

33
34

35 Südliche Weinhänge des Júchtas mit Blick zum Ida-Gebirge

36 Knossós, Blick zum Júchtas

37, 38 Römische Panzerstatue des Kaisers Hadrian im Garten der Villa Ariádne in Knossós (ehemals Wohnsitz von Arthur Evans). Der Reliefpanzerschmuck zeigt die römische Lupa mit den Zwillingen Romulus und Remus. Viktorien bekränzen die Dea Roma, zu deren Seiten Eulen und Schlangen erscheinen, Trabanten der Stadtgöttin Athena (Verschmelzung der Symbole von Rom und Athen!). 1./2. Jh. n. Chr.

39 Der Palast von Knossós von Südosten

40

41
42

43
44

40–45 Palast von Knossós: 40 Treppenhaus des östlichen Traktes; 41 Treppenaufgang vom »piano nobile« in das 2. Obergeschoß des Westflügels; 42 Westflügel, südlicher Aufgang zum »piano nobile«; 43 Westflügel, Vorraum zum Thronsaal; 44 Ostflügel, Frauengemach mit Kopie des Delphin-Freskos; 45 Nordrampe mit sogenanntem Zollhaus

46–50 Fresken aus dem Palast von Knossós. Archäologisches Museum Iráklion: 46, 47 Fresko des dreiteiligen Heiligtums, um 1500–1450 v. Chr. Saal XV; 48, 49 Stierspielfresko aus dem Ostflügel, kurz nach 1500 v. Chr. Saal XIV; 50 Freskofragment eines weiblichen Kopfes, sog. Pariserin, aus dem Westflügel (Sechssäulenhalle), um 1500/1450 v. Chr. Saal XV

53 Palast von Knossós, Blick vom »piano nobile« in Richtung Süden zum Júchtas

◁ 51 Sogenannte Schlangengöttin aus Fayence aus den unterirdischen Schatzkammern des Zentralheiligtums im Westflügel des Palastes von Knossós, um 1600/1580 v. Chr. Archäologisches Museum Iráklion, Vitrine 52

◁ 52 Rhyton in Form eines Stierkopfes aus dem Kleinen Palast von Knossós (nur die linke Seite ist original erhalten), Kopf aus Steatit, Augen aus Bergkristall und Jaspis, Maul aus Perlmutt, die rekonstruierten Hörner bestanden wahrscheinlich aus vergoldetem Holz; um 1550/1500 v. Chr. Archäologisches Museum Iráklion, Vitrine 51, Nr. 1368

54–61 Nekropole Furní außerhalb von Archánes: Ein miniaturhafter Stierkopf wird geborgen, gereinigt und wissenschaftlich ausgewertet

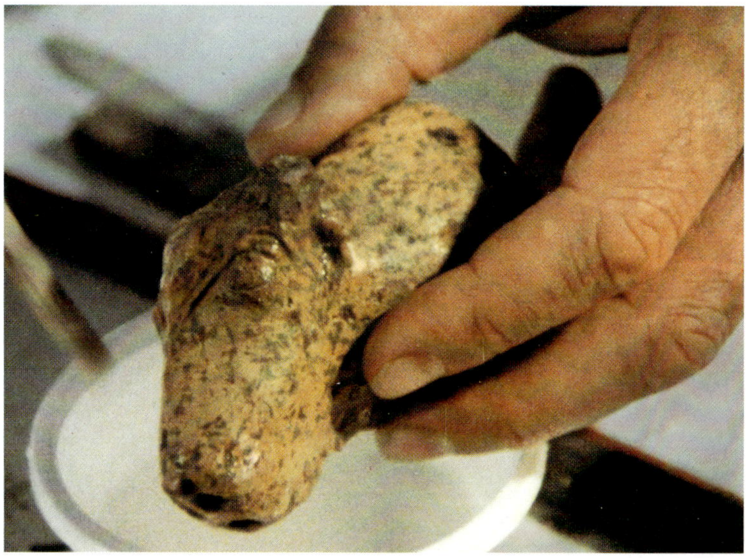
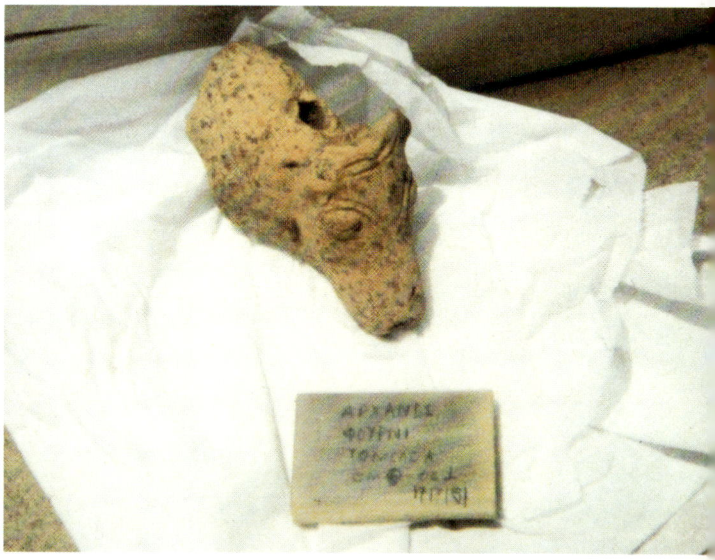
ΑΡΧΑΝΕΣ
ΦΟΥΡΝΙ

62 Landschaft bei Archánes nördlich des Júchtas

63 Weinbaugebiet bei Archánes

64–69 Feier des orthodoxen Metamórphosis-Festes (Verklärung Christi) am 6. August auf dem Júchtas

70 Der Júchtas von Nordosten
71 Wathípetro, minoischer Herrensitz, 16. Jh. v. Chr. ▷

72 Nordküste mit den Inseln Psíra (am oberen Bildrand) und Móchlos (Mitte rechts), die bereits in der minoischen Vorpalastzeit (2600–2000 v. Chr.) besiedelt waren (vgl. Abb. 108)

73 Rhyton in Form eines von drei Stieren gezogenen Wagens aus dem subminoischen Heiligtum von Karfí/Lassíthi, ca. 1100 bis 1000 v. Chr. Archäologisches Museum Iráklion, Vitrine 148, Nr. 11046

74 »Göttin« auf einem Pferd, aus Archánes, ca. 1400 bis 1100 v. Chr. Archäologisches Museum Iráklion, Vitrine 138, Nr. 18505

75 Esel mit zwei Gefäßen, aus dem Neuen Palast von Festós, ca. 1400 bis 1100 v. Chr. Archäologisches Museum Iráklion, Vitrine 138, Nr. 1770

76–83
Nekropole
Furní außerhalb
von Archánes:
Ein miniatur-
haftes Elfen-
beinköpfchen
wird gefunden,
gereinigt und
wissenschaftlich
ausgewertet

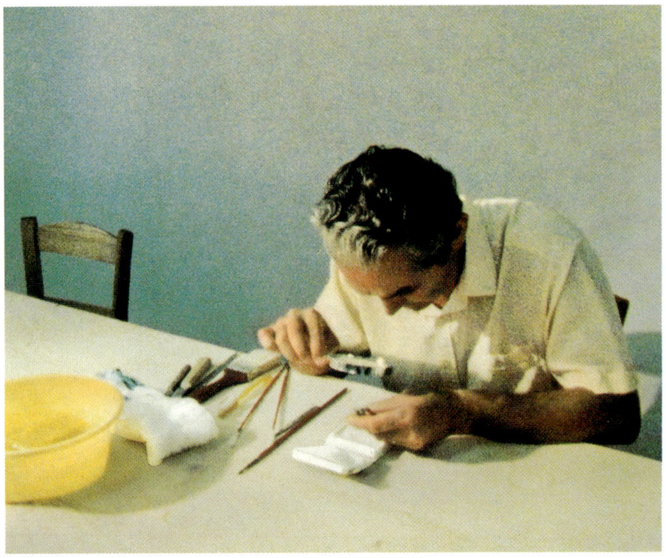

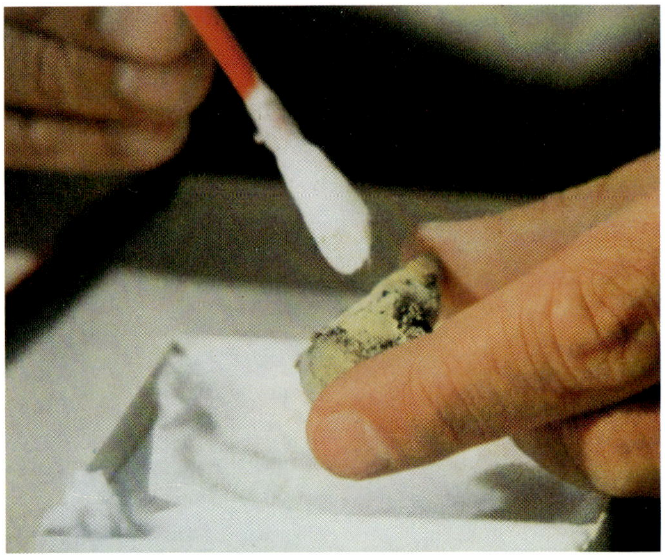

84–88
Elfenbeinfunde
von der
Nekropole Furní
außerhalb von
Archánes, alle
im Archäolo-
gischen Museum
Iráklion:
84 Elfenbein-
idol (Kykladen-
typus), um 2400
bis 2200 v. Chr.
(Vitrine 18 a,
Nr. 440);
85 Elfenbein-
plättchen mit
einer reliefartig
dargestellten
Wildziege,
die den Kopf
zurückwendet,
um 1400–1300
v. Chr.
(Vitrine 88,
Nr. 366);
86 zylinder-
förmiges
Elfenbeinsiegel,
um 2400–2200
v. Chr.
(Vitrine 11,
Nr. 2633);
87 vierzehn-
seitiges Elfen-
beinsiegel
mit Pferde-
darstellungen,
um 2400/2200
v. Chr.
(Vitrine 11,
Nr. 2260);
88 Elfenbein-
dekor (acht-
förmige Schilde)
eines Fuß-
schemels, um
1400–1300
v. Chr.
(Vitrine 88,
Nr. 402)

89, 90 Rizinía/Pátela (Priniás/Malewísi):
89 Grundmauern der dorischen Tempel A und B auf dem Felsplateau von Rizinía, 7. Jh. v. Chr.;
90 Blick von dem Felsplateau Richtung Nordküste, unterhalb die Ortschaften Awjenikí und Wenneráto

91, 92 Gurniá, minoische Stadt an der Nordküste in Ostkreta, um 1600 v. Chr.; 92 Blick zur Nordküste zum Golf von Merambéllo

93 Zákros-Schlucht (»Tal der Toten«) an der Ostküste Kretas

94 Káto Zákros, Blick über das Grabungsgelände des minoischen Palastes

95–98 Palast von Káto Zákros: 95 »Königliche Audienzgemächer«; 96 Palastbereich von Nordosten gesehen; 97 Schatzkammer des Palastes; 98 Kultbassin des Heiligen Bezirkes

99 Bergkristall-Rhyton aus dem Palast von Káto Zákros, um 1450 v. Chr.
Archäologisches Museum Iráklion, Vitrine 109, Nr. 2721

100, 101 Grabbeigaben aus dem Tholosgrab A der Nekropole von Archánes:
100 Goldschmuck, um 1400–1300 v. Chr. ;
101 Bronzegefäß, um 1400–1300 v. Chr.
Archäologisches Museum Iráklion, Vitrine 88, Nr. 1224 und Vitrine 75, Nr. 2865

102 Goldring aus der Nekropole Furní außerhalb von Archánes, Kulthandlung bei einem Baumheiligtum, um 1400–1300 v. Chr. Archäologisches Museum Iráklion, Vitrine 88, Nr. 989

103 Goldring aus dem Kuppelgrab von Isópata (zwischen Iráklion und Knossós, heute vollständig zerstört), Kulttanz von vier Priesterinnen und Erscheinung einer Gottheit (?), um 1400–1300 v. Chr. Archäologisches Museum Iráklion, Vitrine 87, Nr. 424

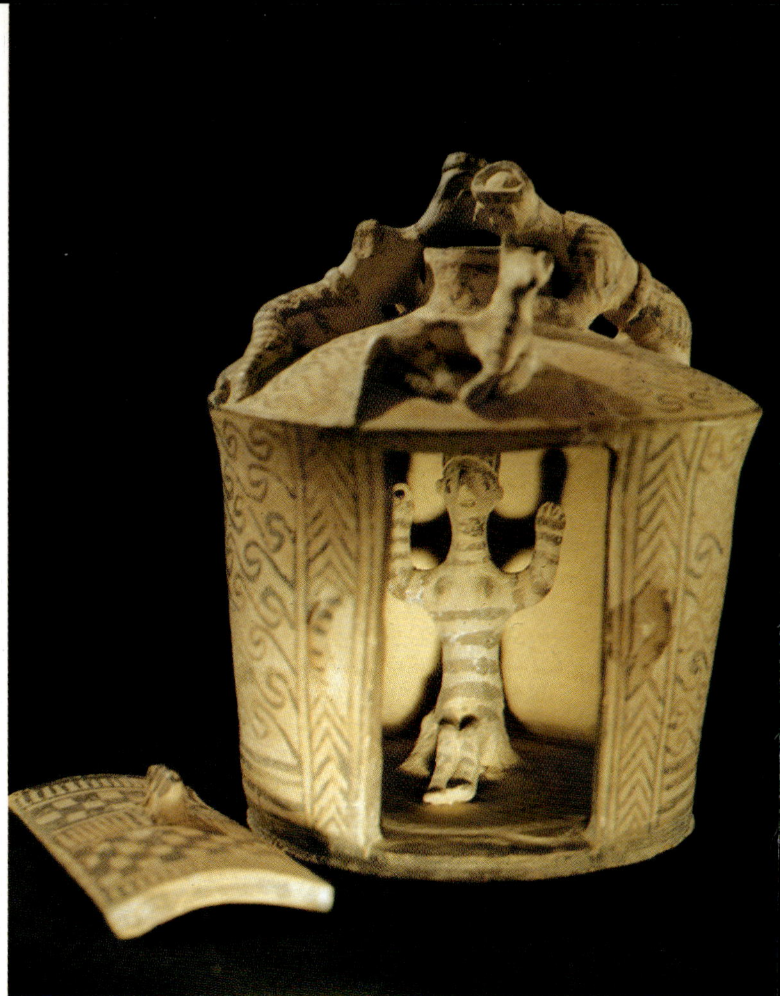

104, 105 Rundtempelchen aus Archánes, um 1100/1000 v. Chr. Archäologisches Museum Iráklion, Vitrine 181, Nr. 376 (Sammlung Giamalakis)
106, 107 Grabbeigaben aus dem Rundgrab von Kamilári/Messará, um 1450–1300 v. Chr.:
106 Kultszene in einem Miniaturheiligtum, zwei Adoranten vor dem bereits vergöttlichten Verstorbenen (?);
107 Kulttanz, von vier Männern (!) ausgeführt. Archäologisches Museum Iráklion, Vitrine 71, Nr. 15074/2634 und Nr. 15073/18076

108 Der Golf von Merambéllo im Frühjahr, Blick von Osten auf die Nordküste mit den Inseln Psíra und Móchlos (vgl. Abb. 72, die eine Herbststimmung zeigt)

◁ 109–116 Osterfest in Archánes

117 Blick von der Burg von Tiryns in die Argolis

118

119

118, 119 Mykene: 118 Der Burgberg von Osten, im Hintergrund das Lýrkion-(1400 m) und Pharmakás-Gebirge (1616 m);
119 Cháwlos-Tal südlich des Burgberges
120 Mykene, Blick von der Burg nach Westen in die Argolis und zum Lýrkion- und Pharmakás-Gebirge

121, 122 Mykene:
121 Aufgangsrampe zum Löwentor;
122 Nordwestecke der Burganlage

123 Mykene, das Löwentor und die Treppenrampe zum Palastbereich

124–126 Mykene:
124 Das »Schatzhaus des Atreus« oder »Grab des Agamemnon«, um 1350/1325 v. Chr.;
125, 126 unterirdische Zisterne außerhalb der Burgbefestigung, die von der Nordwand im Osten der Burganlage zugänglich ist

127, 128 Mykene: Schachtgräberrund A, Fundort des »Goldschatzes von Mykene« durch Heinrich Schliemann (vgl. Abb. 129–132)

127

128

129–132 Funde aus dem Schachtgräberrund A von Mykene:
129, 130 Bronzedolch mit Gold-, Silber- und schwarzen Niello-Einlagen (Jagdszene), aus Grab IV, um 1570/1550 v. Chr.;
131 Bronzedolch mit Gold-, Silber- und schwarzen Niello-Einlagen aus Grab V, um 1570/1550 v. Chr. Athen, Nationalmuseum;
132 Goldene Totenmaske, sogenannte Maske des Agamemnon, aus Grab V, um 1570/1550 v. Chr. Athen, Nationalmuseum

133 Tiryns, kyklopische Aufgangsrampe an der Ostseite der Oberburg
134 Tiryns, östliche Galerie mit Blick nach Osten

135–138 Tiryns: 135 Torweg zur Oberburg; 136 Haupteingang zur Ober- und Unterburg; 137 westlicher Verlauf der Burgmauer; 138 Südwestecke der Burganlage

139 Freskofragment aus dem Palast der Burg von Tiryns, nach 1400 v. Chr. Athen, Nationalmuseum

140 Argolische Landschaft südlich der Burganlage von Tiryns
141 Tiryns, östliche Galerie mit Blick nach Süden zur Stadt Nauplia

142 Die Bucht von Argos mit Nauplia

143 Anemóspilia außerhalb von Archánes: Rekonstruktion des 1979 entdeckten minoischen Tempels und des in situ gefundenen »Menschenopfers«

144 Anemóspilia: Rekonstruktionszeichnung der Erdbebenkatastrophe

◁ 145 Blutopfer-Krug aus dem Tempel von Anemóspilia, um 1700 v. Chr.

146 Bronzedolch, der in demselben Raum wie das Menschenopfer im Tempel von Anemóspilia gefunden wurde, um 1700 v. Chr. Archäologisches Museum Iráklion (Aufstellung in Vorbereitung)

147 Minoischer Weg bei Anemóspilia, im Hintergrund das Ida-Gebirge

148 Westlicher Steilfelsen des Júchtas

149 Santorín (Thera), Blick zur Westküste mit den Ortschaften Pýrghos und Thýra (Fíra)

150 Santorín, die fruchtbaren Ebenen der Südküste bei Emborion

151 Santorín, Ajios Minás-Kirche in Fíra und die Insel Néa Kaméni
152 Santorín, Westküste nach Süden mit der Inselhauptstadt Fíra

153 Santorín, Südküste bei Oia, im Hintergrund die Insel Therásia

154, 155 Santorín:
154 Westküste, die sich sichelförmig nach Nordwesten ausstreckt;
155 Südwestküste bei Oia

156–163 Santorín, die minoischen Ausgrabungen von Akrotíri:
156 Dreiecksplatz mit zweigeschossigen Hausfassaden; 157 Wohnhaus östlich des Dreiecksplatzes mit Vorratsgefäßen; 158 südöstliches Propylon des Dreiecksplatzes; 159 mit Lavamassen gefüllte Wohnhäuser; 160 zerbrochene Stein-Treppenstufen; 161 durch die Wucht der Lavamassen eingebrochene massive Quadermauer (östlich des Mühlenplatzes); 162/163 in situ gefundene Vorratsgefäße des täglichen Gebrauchs

158
159

160
161

162
163

164 Strandnarzissen (Pancratium maritimum?), Fresko aus dem Frauenhaus (Zimmer 1) von Akrotíri/Santorín, um 1500 v. Chr. Athen, Nationalmuseum

165 Madonnenlilie (Lilium candidum?) mit Schwalben, aus dem »Frühlingsfresko« (Zimmer Δ 2, Sektor Δ) von Akrotíri/Santorín, um 1500 v. Chr. Athen, Nationalmuseum

166, 167 Fresken aus Akrotíri:
166 Priesterin mit Opfergaben, aus Zimmer 5 des Westhauses;
167 Antilopen, aus Zimmer B 1 im Sektor B.
Beide um 1500 v. Chr.
Athen, Nationalmuseum

168–171 Miniaturfries-Fresko aus Akrotíri/ Santorín, Zimmer 5 des Westhauses: künstlerische Erzählung eines bedeutenden historischen Ereignisses (Expedition zu einem fremden Land, Libyen?). Athen, Nationalmuseum

172 Akrotíri/Santorín, Blick von Fíra zur Insel Therásia

KLAUS GALLAS
unter Mitarbeit von Thomas Corzelius

Der ägäische Raum

Unsere abendländisch-europäische Kultur ist in ihren Ursprüngen eine Kultur des Mittelmeerraumes. Anfangs wurden besonders über das Meer die frühen Errungenschaften der orientalischen Hochkulturen vermittelt, und dabei kam vor allem der Ägäis eine zentrale Rolle zu. An ihren Küsten und auf ihren Inseln entstanden in der ägäischen Bronzezeit die ältesten Hochkulturen Europas. Die natürlichen Beschaffenheiten dieses vielgestaltigen Landschaftsraumes haben die bronzezeitlichen Kulturen des erwachenden Abendlandes, ihre Entstehung, Ausprägung und ihren Untergang, entscheidend mitbestimmt.

Die Geschichte zeigt, daß die Entwicklung frühester Hochkulturen durch Landschaften mit großen Flußläufen besonders begünstigt wurde, wie es in Ägypten, Mesopotamien, Indien oder China der Fall war. Die Flußebenen boten ideale Bedingungen für den Ackerbau; jahreszeitliche Überschwemmungen sorgten für die Fruchtbarkeit der Felder, und überdies konnten die Flüsse als Verkehrsader nutzbar gemacht werden. Ganz anders ist dagegen die topographische Struktur Griechenlands: Größere Flüsse und Ebenen gibt es hier kaum. Auf Kreta allerdings mag die Messará-Ebene eine ähnliche Rolle für die Siedlungsentwicklung gespielt haben wie die Flußebenen der orientalischen Länder.

Die Griechen waren immer ein Seefahrervolk, und auch die Minoer und Mykener, die den ägäischen Raum in der Bronzezeit beherrschten, sind es gewesen. Ein Blick auf die Karte Griechenlands und der Ägäis zeigt zergliederte Küsten und verschiedene Inselgruppen, innerhalb derer die Inseln teilweise in Sichtweite benachbart liegen – eine topographische Situation, die die Seefahrt zwangsläufig begünstigen mußte. Das Landesinnere des griechischen Festlandes und ebenso der ägäischen Inseln ist hingegen durchweg so gebirgig und unwegsam, daß Verkehrswege hier nur unter größten Schwierigkeiten angelegt werden konnten. Auf Kreta gab es im 2. vorchristlichen Jahrtausend eine Handelsstraße an der Nordküste, die die minoischen Paläste von Kydonía (im Westen) und Káto Zákros (im Osten) miteinander verband; ihr Verlauf ist zum Teil identisch mit der Trasse der alten Küstenstraße unseres Jahrhunderts. Nord- und Südküste der in West-Ost-Richtung ca. 260 km ausgedehnten Insel sind an der schmalsten Stelle im Osten nur etwa 18 km, in der Mitte rund 80 km voneinander entfernt, jedoch in der gesamten Längsausdehnung der Insel durch hohe Gebirgszüge getrennt, die nur im Osten bei Pachiá Amos von einer Senke unterbrochen werden. Sowohl im Gebiet der Weißen Berge im Westen als auch des Idamassivs in Zentral- und des Díktimassivs in Ostkreta sind die Berge über 2000 m hoch (die höchsten Erhebungen sind der Psilorítis im Idamassiv mit 2454 m und der Páchnes-Gipfel in den Weißen Bergen mit 2452 m).

So finden wir die ersten städtischen Siedlungen auf Kreta, den Kykladen und auf der Peloponnes zum Meer hin orientiert; es bildete die wirtschaftliche Grundlage und war der Ort der kulturellen Kommunikation der Ägäisvölker. Für die Kykladenkultur mag die Existenzbasis im Fischfang und Handel gelegen haben, z.B. mit dem damals wichtigen Obisdian von der Insel Melos. Die großen kretischen Paläste von Festós, Knossós, Zákros und Málìa liegen entweder unmittelbar am Meer oder nicht weit davon entfernt. Auch für Kreta muß der Seehandel im östlichen Mittelmeer von zentraler Bedeutung gewesen sein. Kretische Erzeugnisse lassen sich in Ägypten und an der syrischen Küste, darüber hinaus bis nach Sizilien nachweisen. Für die Bronzeherstellung war die Insel vom Rohstoffimport, also vom Seehandel abhängig; es gibt zwar Kupfervorkommen auf Kreta, Zinn mußte jedoch importiert werden, entweder aus Kleinasien oder von den Balearen im westlichen Mittelmeer, vielleicht sogar aus Cornwall.

Der Seehandel war sehr wahrscheinlich lange das Monopol der Ägäisvölker, denn die anderen bronzezeitlichen Hochkulturen – Ägypten, Mesopotamien und das Hethiterreich – waren reine Landkulturen und besaßen keine Flotten. Aus diesem Handelsmonopol wird der kulturelle Aufschwung auf der geographisch günstig als Brücke zwischen den verschiedenen Kulturkreisen gelegenen Insel Kreta verständlich. Die Thalassokratie, die Vorherrschaft zur See, garantierte den Bewohnern der Insel Kreta darüber hinaus Schutz vor Angreifern von außen; hierdurch ließe sich die auffallende Tatsache erklären, daß die minoischen Städte bzw. Paläste unbefestigt waren. Jedenfalls konnte die kretische Inselkultur ihre Eigenständigkeit auch dann bewahren, als das griechische Festland und Vorderasien um die 2. Jahrtausendwende dem Ansturm von Eindringlingen aus dem Norden aus-

gesetzt waren, unter dem auch das Mittlere Reich in Ägypten zusammenbrach.
Zu den natürlichen Bedingungen des Ägäisraumes, die sich auf die bronzezeitlichen Kulturen ausgewirkt haben, gehört insbesondere die geologische Instabilität dieses Gebietes, die immer wieder zu Naturkatastrophen geführt hat. Gerade im Bereich der Insel Kreta treffen sich die gewaltigen Sockel der Kontinente Eurasien und Afrika: Ein riesiger Unterwasser-Bergrücken verläuft als Spannungsbogen vom Balkan über die Peloponnes, Kreta, Karpathos und Rhodos bis ins Taurusgebirge Kleinasiens. Entlang dieses Spannungsbogens, vor allem auf der Höhe von Kreta, ist die Erde geologisch ständig in Bewegung. Die gebirgigen Formationen Griechenlands und Kretas sprechen eine deutliche Sprache: Gewaltige Kräfte haben diese Landschaften aufgefaltet und teilweise wieder einbrechen lassen. Die Küsten Kretas haben sich in den letzten 2000 Jahren im Westen der Insel stellenweise bis zu 14 m gehoben, der Osten der Insel dagegen hat sich gesenkt. Rund alle 100 Jahre erschüttern starke Beben die Insel, zuletzt in den zwanziger Jahren unseres Jahrhunderts. Jährlich werden mehrere kleinere Erdstöße auf der Insel registriert. Schon die minoische Kultur ist mehrmals von solchen Beben bedroht und katastrophal vernichtet worden, z. B. gegen 1700 v. Chr., als alle minoischen Zentren der Alten Palastzeit zerstört worden sind, und wiederum durch den Vulkanausbruch von Santorín etwa um 1500, dessen Folgen den Untergang des minoischen Kreta mitbewirkt haben müssen. In den Zusammenhang der Katastrophe um 1700 gehört auch der sensationelle Fund von Anemóspilia, wo unter den Trümmern eines minoischen Tempels ein konserviertes Menschenopfer in situ gefunden wurde. Das verheerende Ausmaß des Vulkanausbruchs von Santorín bezeugt die archäologisch besonders interessante Ausgrabung von Akrotíri, einer bronzezeitlichen Stadt von minoischem Charakter, die damals von Bimsstein und Asche des Vulkans verschüttet worden ist.
Die geologischen Gegebenheiten, die die Ägäisvölker ständig bedrohten, wirkten sich auch in der minoischen Architektur aus. Durch Einfügen von Holzbalken nach Art einer Fachwerkbauweise versuchten die Baumeister, den Gebäuden Elastizität zu geben, um sie dadurch stabiler gegen Erschütterungen zu machen.

Die »Wiedergeburt« der minoisch-mykenischen Welt

Die Zeugnisse der ägäischen Hochkulturen lagen über Jahrtausende in der Erde begraben, ehe sie, anfangs unter nicht selten abenteuerlichen Begleitumständen, wiederentdeckt und geborgen werden konnten. Nur an wenigen Stellen ragten noch einzelne Mauerreste aus dem Erdreich heraus, die häufig von Reisenden seit dem 16. Jh., vor allem aber im 19. Jh. beschrieben worden sind. Erst in neuerer Zeit erlebte die staunende Öffentlichkeit die »Wiedergeburt« der längst versunkenen, in mythisches Dunkel gehüllten Kulturen der minoisch-mykenischen Welt.
Der erste, der systematische Ausgrabungen durchführte und diese sogar selbst finanzierte, war der deutsche Kaufmann Heinrich Schliemann. Durchdrungen von dem Glauben, daß Homers Epos vom Trojanischen Krieg auf historischen Begebenheiten beruhe, begann er 1869 im Norden der kleinasiatischen Ägäisküste, bei einem Hügel namens Hissarlik, wo er Homers Aussagen zufolge Troja vermutete, mit seinem archäologischen Abenteuer. Sein Eifer führte zum Erfolg: Er grub eine Stadt aus, die auch von späteren Forschern als Troja erkannt wurde. Und Schliemann vertraute weiter auf Homer. In der Hoffnung, den Stammsitz des achäischen Fürsten Agamemnon zu finden, der in der Ilias die Griechen vor Troja anführt, grub er 1874–1876 die Burg von Mykene aus, wenig später den anderen großen Burgkomplex der Argolis: Tiryns. Damit war die mykenische Kultur der Vergessenheit entrissen. Manche Rätsel konnten bis heute durch die moderne Forschung gelöst werden, vieles bleibt geheimnisvoll.
Als eigentlicher Entdecker der minoischen Kultur muß ein Kreter aus der Familie der Kalokerinos mit dem beziehungsreichen Vornamen Minos angesehen werden. Im Winter 1878/79 grub er auf einem Hügel, der über die Jahrtausende den Namen Knossós bewahrt hatte, einen Teil der westlichen Magazinräume des Palastes von Knossós aus und erweckte mit seinen Funden das Interesse ausländischer Gelehrter. Schliemann und Dörpfeld wollten 1886 das Gelände kaufen, um hier zu graben, konnten aber mit der damaligen türkischen Regierung nicht handelseinig werden. Ab 1894 interessierte sich dann auch der englische Ethnologe Arthur Evans für Knossós, der damals häufig auf Kreta reiste, Inschriften sammelte und dabei erstmals auf die eigenartigen Schriftzeichen der Minoer aufmerksam wurde.
1898 wurde Kreta nach langen und blutigen Auseinandersetzungen zwischen Kretern und Türken, die die Insel seit 1669 besetzt hielten, unter ein alliiertes Schutzkommissariat gestellt; die politischen Zustände stabilisierten sich. Diese neuen Verhältnisse kamen auch der Archäologie zugute. Von 1900 bis 1902 konnte Evans in Knossós den bronzezeitlichen Palast des 2. vorchristlichen Jahrtausends freilegen, den er als den des mythischen Königs Minos von Kreta ansah. Nach diesem König wird die bronzezeitliche Kultur Kretas noch heute die »minoische« genannt.
Evans und Schliemann waren beide von der Idee besessen, den Mythos zumindest als Träger historischer Teilwahrheiten unter Beweis zu stellen. Ihre sensationellen Erfolge haben ihnen weitgehend recht gegeben. Daß ih-

nen dabei, vom heutigen Standpunkt der archäologischen Forschung betrachtet, auch Irrtümer und Nachlässigkeiten unterlaufen sind, liegt in der Natur jeder wissenschaftlichen Pionierarbeit. Ihr Fanatismus und eine überhastete Arbeitsweise brachten es zwangsläufig mit sich, daß vieles aus seinem ursprünglichen Fundzusammenhang gerissen und damit seiner Beweiskraft beraubt, anderes ganz zerstört wurde. Hinzu kommt, daß das Fundmaterial oft nur unzureichend dokumentiert worden ist. Trotzdem kommt ihrer Arbeit nach wie vor grundlegende Bedeutung zu. So darf Schliemann als *der* Begründer der Grabungsarchäologie gelten – nicht nur des Ägäisraumes –, auch wenn seine Arbeitsweise aus heutiger Sicht eher der eines Schatzsuchers entsprach.
Andere Archäologen haben im Laufe des 20. Jh. das Bild der bronzezeitlichen Welt vervollständigt. Auf Kreta waren dies vor allem die Italiener Halbherr und Pernier, die von 1900 bis 1914 den Palast von Festós mit größter Behutsamkeit freilegten und konservierten; dann die Amerikanerin Boyd, die 1901 die kleine minoische Stadt Gurniá ausgrub, und schließlich auch der Grieche Hazzidakis, der 1915 mit der Ausgrabung von Mália begann und dessen Arbeit ab 1921 von der Französischen Schule fortgeführt wurde. Auf dem Festland war die wichtigste Grabung wohl die von Carl Blegen; seine Entdeckungen in Pylos ab 1939 haben unser Wissen über die mykenische Welt wesentlich erweitert und vor allem zu neuen Erkenntnissen über Querverbindungen zwischen dem mykenischen Kulturkreis und dem minoischen Kreta geführt.
Die Zeit nach dem Zweiten Weltkrieg brachte eine Unzahl von neuen archäologischen Entdeckungen, wobei vielfach der Zufall Regie führte. Bauern stießen beim Pflügen ihrer Äcker auf Fundstücke, die bei näherer Untersuchung ihren minoischen Ursprung enthüllten. Auch beim modernen Straßen- und Hausbau wurden nicht selten Zeugnisse der vorantiken Welt angeschnitten, die dann geborgen und wissenschaftlich ausgewertet werden konnten. Die Tätigkeit von internationalen Archäologen wurde weitgehend auf solche Plätze beschränkt, an denen sie seit der Jahrhundertwende schon gegraben hatten, während neuentdeckte Fundstellen nun griechischen Ausgräbern vorbehalten blieben. Von den griechischen Archäologen sollen hier jene besonders hervorgehoben werden, die sich speziell um die Erforschung der minoischen Epoche verdient gemacht haben: Spyridon Marinatos, der u.a. 1949 in Wathípetro bei Archánes auf Kreta gegraben hatte, entdeckte ab 1967 auf der Insel Santorín, dem antiken Thera, bei dem Ort Akrotíri eine bei dem großen Vulkanausbruch um 1500 verschüttete bronzezeitliche minoische Stadt in außerordentlich gutem Erhaltungszustand. 1961 begann Nikolaos Platon auf Kreta mit der Freilegung des minoischen Palastes von Zákros. Grabungen schließlich, deren Konsequenzen noch gar nicht abzusehen sind, führt seit 1964 das Archäologenehepaar Ioannis und Efi Sakellarakis auf Kreta in Archánes und der näheren Umgebung des Júchtas-Gebirges durch.
Ausgangspunkt für jede archäologische Grabung ist immer die Bestimmung der historischen Abfolge von Fundschichten (Stratigraphie), die durch den Kreislauf von Zerstörung und Wiederaufbau in Jahrtausenden entstanden ist. Eine durch Grabungen an verschiedenen Orten bestätigte Schichtenfolge läßt sich mit ihrem spezifischen Fundmaterial in einer sogenannten relativen Chronologie beschreiben. Die Unterscheidung der Epochen beruht auf der Erkenntnis, daß sich in allen Kulturen die Dekorationen und Gefäßformen der Keramik im Laufe der Zeit änderten, so daß sich jede Fundschicht durch einen spezifischen Keramikstil exakt abgrenzen läßt. Relativ heißt diese Chronologie, weil sie keine Jahreszahlen, sondern nur die zeitliche Abfolge der keramischen Stile innerhalb der Fundschichten bestimmt.
Bereits 1905 hatte Evans eine chronologische Tabelle der minoischen Epoche veröffentlicht, die noch heute in ihrer Grundstruktur Gültigkeit hat. Er stützte sich dabei auf die Abfolge von Fundschichten in Knossós, die in einem 12 m tiefen, bis auf den gewachsenen Fels hinabreichenden Schacht übereinanderlagen. Die untersten enthielten nur neolithische Funde. Die nächsten 5,30 m bildeten die Schicht der minoischen Bronzezeit, in der Evans eine frühminoische Periode (FM) des Aufblühens, eine mittelminoische (MM) der Reife und schließlich eine spätminoische (SM) des Verfalls unterschied, deren Keramikstile er jeweils nochmals in drei Stufen unterteilte (FM I, II, III; MM I, II, III; SM I, II, III).
Von der relativen Bestimmung von Altersstufen ausgehend, versucht man, zu einer absoluten, das heißt durch Jahreszahlen bestimmten Chronologie zu gelangen. Ohne Schriftzeugnisse, die zumindest einen Anhaltspunkt für rekonstruierbare historische Ereignisse und damit für eine Datierung geben, ist dies kaum möglich. Eine Lösung bietet sich eventuell durch die vergleichende Chronologie mit anderen Kulturen an, die für Kreta zu einigen Ergebnissen geführt hat. Ist etwa ein Siegelzylinder des babylonischen Königs Hammurabi in einer bestimmten Fundschicht vorhanden, so läßt sich für diese Schicht, dank der weitgehend gesicherten Chronologie Mesopotamiens, das 18. Jh. als zeitlicher Grenzwert bestimmen: Die Funde in dieser Schicht können also nicht älter sein. Durch eine kleine Zahl anderer aus Ägypten und Mesopotamien importierter Gegenstände, die sich mit bekannten historischen Ereignissen im Orient in Verbindung bringen lassen, kann die kretische Chronologie zumindest in ihren Umrissen datiert werden. Dieses vergleichende Datengerüst ist für Kreta jedoch noch lückenhaft.
Eine andere Datierungsmöglichkeit – jedoch nur für organische Materialien – bietet die C-14-Methode, auch Radiokarbonmethode genannt. Sie beruht auf der Tatsache, daß Pflanzen aus ihrer Umwelt zusammen mit dem normalen Kohlenstoff auch dessen stets vorhandenes ra-

dioaktives Isotop C-14 aufnehmen und speichern. Stirbt die Pflanze bzw. wird das organische Material verarbeitet, wird kein weiterer Kohlenstoff mehr aufgenommen, und das bereits gespeicherte C-14 zerfällt in einem sehr langsamen Prozeß, dessen Geschwindigkeit von der Naturwissenschaft erforscht ist: Nach 5730 Jahren ist gerade die Hälfte der ehemals vorhandenen Menge zerfallen. Man kann also aus dem in einem gefundenen Holzstück noch vorhandenen C-14 den Zeitpunkt errechnen, an dem der Baum gefällt wurde. Leider enthalten so entstandene Datierungen eine Ungenauigkeit von plus/minus 100 Jahren.

Die Funde, die mit größter Sorgfalt den verschiedenen Schichten entnommen werden, nachdem man ihre Lage im Boden und alle Fundzusammenhänge zeichnerisch und fotografisch dokumentiert hat, fließen in den Kreislauf der wissenschaftlichen Bearbeitung ein. Sie werden gesäubert, konserviert und restauriert, beschrieben und schließlich ohne subjektive Interpretationen veröffentlicht. Bauteile müssen konstruktiv gesichert und gegen die Witterung geschützt werden. Das von Evans in Knossós angewandte Verfahren, Rekonstruktionen in Beton auszuführen, wurde nach ihm schon bald aufgegeben. Mag auch der heutige Besucher von Knossós dankbar sein, einmal mehr zu sehen als nur Grundmauern und Fragmente – nämlich ganze Räume und Stockwerke, die von der hohen Kultur der Minoer einen deutlichen Eindruck vermitteln –, so sollte er jedoch stets daran denken, daß Hypothesen nicht dadurch gefestigter sind, wenn sie in Beton gegossen werden.

Zunehmend hat die Archäologie in letzter Zeit andere Wissenschaften mit herangezogen. Wenn es darum geht, die Schriftfunde der minoischen und mykenischen Kultur zu entschlüsseln, kommt der analytischen und der statistischen Sprachforschung ebenso wie der vergleichenden Methode eine große Bedeutung zu. Geologische Gutachten haben z. B. bei der Ausgrabung von Akrotíri auf Santorín eine wichtige Rolle gespielt. Auch die Mythenforschung kann zu unserem Bild von der griechischen Frühzeit beitragen; allerdings ist hierbei die Gefahr groß, sich im nicht mehr Nachweisbaren zu verlieren. Selbst die Gerichtsmedizin vermag die Arbeit der Archäologen zu unterstützen und zu ergänzen; so konnte jüngst bei der Entdeckung in Anemóspilia die Todesursache eines Menschen bestimmt werden, dessen Skelett die Jahrtausende überdauert hat.

Schließlich beginnt die faszinierendste, sicher aber auch spekulativste Arbeit: die Interpretation dessen, was gefunden wurde. Voraussetzung für solche Deutungen aufgrund aller zusammengetragenen Fakten ist ein sorgfältiger, wertfreier Grabungsbericht. Sind in diesen bereits Spekulationen oder subjektive Darstellungen eingeflossen, wird die wissenschaftliche Auswertung stark beeinträchtigt.

Gerade die Zeugnisse der minoischen und der mykenischen Kulturen bieten außerordentlich viel Spielraum für Ausdeutungen mit oft sehr phantasiereichen Bildern, wobei die Grenzen des Nachprüfbaren allzuoft überschritten werden. In den folgenden Kapiteln soll der heutige Kenntnisstand in seinen Grundzügen dargelegt werden, nicht ohne an einzelnen Beispielen den Leser mit der Vieldeutigkeit der Funde und den komplizierten Wegen der Beweisführung und Interpretation bekannt zu machen.

Neolithikum und Seßhaftigkeit

Die frühesten Zeugnisse unserer Kulturgeschichte entstammen einer Epoche, die die Wissenschaft der Vor- und Frühgeschichte Neolithikum bzw. Jüngere Steinzeit nennt. Diese Zuordnung ergibt sich aus den steinernen Fundmaterialien. Von einer steinzeitlichen Kultur spricht man, wenn die Archäologen in erster Linie steinernes Gerät und Keramik, aber keine oder nur wenige Hinweise auf Metallverarbeitung finden.

Am Anfang des Neolithikums lebten die Menschen noch in der einfachen, nur aneignenden Wirtschaftsform, als Wildbeuter, Jäger und Sammler, bis sich mit zunehmender Siedlungsverdichtung die sogenannte neolithische Revolution vollzog: Die Menschen wandten sich allmählich einer produzierenden Wirtschaftsform zu, als Pflanzer und Tierzüchter; das Bauerntum entstand. Die bisher umherziehenden, nomadisierenden Menschen gelangten damit zur Seßhaftigkeit. Auf dieser neuen Produktions- und Wirtschaftsstufe, die eine Arbeitsteilung und Spezialisierung auf bestimmte Tätigkeiten mit sich brachte, erfolgte auch eine gewisse Verfeinerung der Lebensqualität, was sich besonders in der Produktion und Ausgestaltung der Gebrauchsartikel widerspiegelt. Hierzu gehört vor allem die »Erfindung« des Brennofens, der ganz neue Möglichkeiten bei der Herstellung von Tonware und beim Ziegelbau erschloß.

Für diese neue Zivilisationsstufe mußte eine Reihe organisatorischer Aufgaben gelöst werden. Dazu gehörten u. a. die Zuweisung des Bodens, die Be- und Entwässerung der Wohngebiete, der Tauschhandel und das Sammeln von Vorräten. Das Zusammenleben in Gemeinschaftssiedlungen erforderte auch Grundregeln einer Gesellschaftsstruktur. Wir dürfen mit Recht die ersten politischen Institutionen, die über ein Familien- oder Stammesniveau hinausgehen, in dieser Zeit erwarten, wohl auch den Ursprung von Eigentum, Pacht und Steuer.

Die in Siedlungen organisierte Lebensform mag sich auch im kultischen Bereich ausgewirkt haben. Durch Beobachtung der Natur wurden nun Erfahrungen über den Vegetationszyklus gesammelt, um die Zeitpunkte von Aussaat und Ernte bestimmen zu können. Diese zentrale Bedeutung des Naturkreislaufes spiegelt sich in den frühen Religionen wider, die bei Völkern dieser neolithischen Kulturstufe ganz wesentlich von Fruchtbarkeitsriten geprägt erscheinen. Überall finden wir Hinweise auf die Verehrung einer großen Muttergottheit, die Verkörperung der Fruchtbarkeit des menschlichen Leibes und des Bodens, der »Mutter Erde«. Vor allem die Vorstellung von der Vermählung dieser Göttin im Frühjahr mit einem sterblichen Vegetationsgott, der gleichzeitig mit der Natur im Herbst/Winter stirbt bzw. geopfert wird, ist Ausdruck des Naturkultes.

Selbstverständlich vollzog sich diese Entwicklung nicht plötzlich und mit einem Schlage, sondern sehr langsam und in den verschiedenen Landschaftsräumen zeitlich und in ihrer Ausprägung unterschiedlich. Die frühesten Zeugnisse des Neolithikums, mit deutlichen Hinweisen auf Seßhaftigkeit und Ackerbau, sind uns im mesopotamischen Raum bekannt sowie in Jericho. Die Archäologen datieren diese Funde bis ins 8. vorchristliche Jahrtausend zurück. In den folgenden Jahrtausenden vollzog sich die Entwicklung zur Seßhaftigkeit mit ihren »archaischen« Gesellschaftsformen auch in anderen Kulturgemeinschaften. Frühe neolithische Zentren im Einflußbereich des Ägäisraumes sind u. a. Catal Hüyük in Südanatolien (um 6500), Khirokitia auf Zypern (5800) und Sesklo in Nordgriechenland (um 6000).

Die neolithische Kultur im ägäisch-griechischen Raum erscheint, abgesehen vielleicht von Sesklo, im wesentlichen von Strömungen aus Mesopotamien abhängig gewesen zu sein. Spätestens im 5. Jahrtausend müssen die ersten Seefahrer, die sich aufs Meer hinausgewagt hatten, Kreta erreicht haben. Das Neolithikum setzt hier plötzlich und ohne Vorgeschichte ein. Die kulturellen Errungenschaften, vor allem auf technischen Gebieten, die ganz unvermittelt auftauchen, müssen als Import nach Kreta gelangt sein.

Mit dem Entstehen städtischer Zivilisationen in Mesopotamien (ca. 3200) und Ägypten (ca. 2800) und neuen Techniken – aufwendigem Ziegel- und Quaderbau, Edelmetall- und Edelsteinverarbeitung, Klein- und Großplastik, der ersten Schrift, den Anfängen der Kupferverarbeitung und Bronzeherstellung – treten diese Kulturen in ihr bronzezeitliches Stadium ein. Zu den mesopotamischen Einflüssen erreichen nun auch Strömungen aus Ägypten den ägäischen Raum. Am Übergang zur ägäischen Bronzezeit wurde die Töpferscheibe eingeführt und die Kunst der Edelmetallverarbeitung übernommen. Keramische Formen wie etwa die sogenannte Schnabelkanne (Abb. 20) waren von Kleinasien und Zypern bis nach Kreta und den Kykladen verbreitet. Auch bestimmte vorgriechische Wortelemente, wie sie sich in kretischen Ortsnamen und Begriffen wie Knossós und Labyrinthos erhalten haben, weisen nach Meinung der Sprachforscher auf eine starke Verbindung zwischen Kreta und Anatolien hin.

Im 3. Jahrtausend gelangte in der Ägäis vor allem die Kultur der Kykladeninseln zur Blüte. Der Handel dieser Inselgruppe ist in der gesamten Ägäis und über ihre Grenzen hinaus nachweisbar. Dabei wurde besonders Obsidian von der Vulkaninsel Melos exportiert. Das schwarze, scharfkantige vulkanische Glas war überall begehrt, weil es bis zu der revolutionierenden Entdekkung der Metallverarbeitung das härteste Material war, aus dem sich Klingen und ähnliches herstellen ließen.

Auf Kreta, den Kykladen und bis nach Zypern finden wir weibliche Idole in Form von kleinen Statuetten (Abb. 84) – oftmals bis auf Brüste und ein breites Becken abstrahiert –, die auf die Verehrung einer Muttergottheit hindeuten. Ziemlich sicher gab es gerade auf Kreta schon in vor- und frühminoischer Zeit eine Tradition in der Verehrung einer solchen Muttergöttin. So ist nicht auszuschließen, daß das vieldiskutierte minoische Matriarchat seinen Ursprung hat in der neolithischen Epoche Kretas, in der die Betonung der Fruchtbarkeit und des Weiblichen bereits eine wichtige Rolle spielte.

Die ägäische Bronzezeit

Spätestens um 2600 ist für den ägäischen Raum der Beginn der bronzezeitlichen Kulturstufe anzusetzen. Die technische und handwerkliche Fähigkeit, die widerstandsfähige Legierung von Bronze aus den Rohstoffen Kupfer und Zinn herzustellen, gelangte vermutlich aus dem Orient in die Ägäis. Voraussetzung für die Verbreitung und Entwicklung dieser neuen Technik war ein weitreichender Handel: Kreta verfügte z. B. nicht über Zinnvorkommen und war auf Import angewiesen; auf Zypern begann man, die reichen Kupfervorkommen auszubeuten und zu exportieren.

Die frühe Bronzezeit brachte den Ägäiskulturen einen jähen Aufschwung. Fortschreitende Arbeitsteilung und Spezialisierung führten zu einer komplexeren Gesellschaftsstruktur – eine Entwicklung, die sich an Städtebau und Architekturformen ablesen läßt. Viele neue Keramikstile entstanden, manche offensichtlich in dem Bestreben, Metallgefäße zu imitieren. Kurz vor 2000 wurde auf Kreta eine Schrift entwickelt.

Bereits in dieser frühminoischen Zeit, auch Vorpalastzeit genannt (2600–2000), stand die kretische Kultur auf hohem Niveau. An der Wende zum 2. vorchristlichen Jahrtausend setzt auf Kreta die Stufe städtischer Hochkultur ein; es beginnt die Zeit der Alten Paläste (MM I und II). Während sich das griechische Festland noch in einem gegenüber Kreta deutlich zurückstehenden Frühstadium seiner Entwicklung befand und die Kykladen mehr und mehr unter kretischen Einfluß gerieten, wird die Insel zur wirtschaftlichen und kulturellen Vormacht der Ägäis: Das minoische Kreta erlebt eine Blüte, die als die erste Hochkultur Europas bezeichnet werden kann.

Als Zentren der minoisch-kretischen Zivilisation entstanden die um einen Hof gruppierten Palastanlagen innerhalb der sie umgebenden Städte. Man glaubt heute, daß von hier aus die stark zentralisierte Wirtschaft sowie die politische und sakrale Verwaltung des minoischen Kreta gelenkt wurden. Weiterhin nimmt man an, daß in den Palästen die Herstellung und Lagerung von Metallwaren und anderen kostbaren Erzeugnissen, die wohl hauptsächlich für den Export bestimmt waren, betrieben worden sind. Dazu haben diese Anlagen einen deutlichen kultisch-religiösen Charakter: Sie waren also auch Zeremonialzentren. In ihnen fand die minoische Baukunst ihre typische Ausprägung. In der Keramik dominierte in dieser Zeit der Alten Paläste der sogenannte Kamáres-Stil (Abb. 20, 21) mit helltoniger Ornamentik auf dunklem Grund. Die schönsten Exemplare sind im Palast von Festós gefunden worden.

Auffallenderweise waren während der gesamten Dauer der minoischen Kultur weder die Paläste noch die Städte befestigt; die wenigen Waffen, die man gefunden hat, scheinen Prunkwaffen gewesen zu sein, bestimmt für festliche Zeremonien oder kultische Handlungen – zum Kampf jedenfalls untauglich. Dies ist damit erklärt worden, daß Kreta durch die konkurrenzlose Vorherrschaft zur See, garantiert durch eine starke Flotte, keine Feinde von außen zu befürchten hatte und daß andererseits ein innenpolitisch ausgewogenes soziales System auch innere Feindseligkeiten ausschloß. Befestigungen wären damit überflüssig gewesen.

Gegen 1700 wurden die minoischen Zentren auf Kreta und mit ihnen die Kultur der Alten Paläste zerstört. Kurz vor 1700 hatten die Churriter Mesopotamien überrannt; spätestens 1650 gelang es den Hyksos (ägyptisch: Herrscher der Fremdländer), den Verfall der Reichseinheit des Mittleren Reiches in Ägypten und den politischen Niedergang während der 15./16. Dynastie (1652–1552) für sich zu nutzen und sich am Nil zu etablieren. Es hat nicht an Versuchen gefehlt, auch die Zerstörungen auf Kreta mit dem Vordringen der streitwagenbewaffneten Völker in Kleinasien und Ägypten in Verbindung zu bringen. Jedoch spricht auf Kreta selbst nichts für einen feindlichen Überfall. Die Zerstörung der Alten Paläste wird daher eher einer Naturkatastrophe zugeschrieben, was die neueren Funde von Anemóspilia zu bestätigen scheinen.

Bald nach der Zerstörung werden die kretischen Paläste, anscheinend ohne zeitliche Verzögerung, wieder aufgebaut. Im Rahmen der minoischen Chronologie folgt nun die Zeit der Neuen Paläste (MM III). Mit ihren kulturellen Errungenschaften scheint diese Epoche die vergangene noch zu übertreffen. Besonders eng werden jetzt die Kontakte zu Ägypten, wie Funde minoischer Keramik dort und ägyptische Importware auf Kreta anschaulich machen. In dieser Zeit wird auch die Freskotechnik aus Ägypten übernommen. In der Keramik zeigt sich ein Übergang zu naturalistisch anmutenden Dekorationen, die mit dunklen Farben auf hellen Grund gemalt werden. Um 1600 markiert eine erneute Zerstörung, die vielleicht wieder durch Erdbeben bedingt ist, in Festós und Knossós den Übergang zu Spätminoisch I, wobei sich aber die Traditionen der vorangegangenen Epoche Mittelminoisch III lückenlos fortsetzen.

Werfen wir nun einen Blick auf die bronzezeitliche Entwicklung des griechischen Festlandes. Dort wird die sogenannte helladische Kultur, die dem Neolithikum Griechenlands (5500–2500) folgt, ähnlich wie die minoische Chronologie in drei Epochen unterteilt: Frühhelladisch (FH, 2500–1950), Mittelhelladisch (MH, 1950–1580) und Späthelladisch (SH, 1580–1100), wobei die späthelladische Epoche mit den von Schliemann beschriebenen drei mykenischen Epochen identisch ist: Frühmykenisch (SH I), Mittelmykenisch (SH II) und Spätmykenisch (SH III).

Zu Beginn des 2. vorchristlichen Jahrtausends wurden die altmediterranen Traditionen auf dem griechischen Festland und in Kleinasien durch von Norden eindringende indoeuropäische Stämme unterbrochen: Das frühhelladische Zentrum Lerna auf der Peloponnes und Troja V an der Nordküste Kleinasiens sind um diese Zeit zerstört worden. Diese fremde Landnahme bewirkt, daß in diesen Landschaftsräumen die Entwicklung zunächst stagniert, während die kretische Inselkultur eine konkurrenzlose Vormachtstellung erlangen kann.

Das griechische Festland war etwa bis 2200, wie die Forscher einhellig meinen, größtenteils von nichtgriechischen Stämmen bewohnt. Erst mit den wohl bis ca. 1900 andauernden Völkerwanderungen aus dem Norden drangen dann die Vorfahren der mykenischen Griechen in Hellas ein – die Achäer und die Ioner – und vermischten sich mit den nichtgriechischen Völkern der frühhelladischen Epoche. Wahrscheinlich haben sich wesentliche griechische Elemente, auch die griechische Sprache der Einwanderer, bereits damals durchzusetzen begonnen.

In der mittelhelladischen Epoche (1950–1580) hatte sich die kulturelle Entwicklung Griechenlands beschleunigt. Gegen 1600 entstanden in Mykene die Schachtgräber-Rundanlagen B und A, die mit ihren kostbaren Grabbeigaben den Beginn der mykenischen Epoche (= Späthelladisch, 1580–1100) markieren. Bis heute ist nicht überzeugend geklärt, woher das mykenische Gold stammt – in Mykene selbst sind 15 kg geborgen worden! –, aus dem die Totenmasken und andere Beigaben aus diesen Gräbern gefertigt sind, denn Goldvorkommen sind auf dem griechischen Festland nicht bekannt. Eine Erklärung wäre, daß es mykenische Fürsten waren, die den Ägyptern bei der Vertreibung der Hyksos (1580) militärischen Beistand geleistet haben und als Entlohnung von den Ägyptern Gold empfingen. Daß die Ägypter die Hyksos mit fremder Hilfe vertrieben haben, ist belegt. Auch weist der mykenische Grab- und Totenkult gewisse Parallelen zu Ägypten auf, die auf eine Verbindung deuten könnten. Stärker als das ägyptische Element tritt allerdings in der mykenischen Kultur von Anfang an minoischer Einfluß hervor, auch wenn der Charakter dieser beiden Kulturen sich grundsätzlich deutlich unterscheidet.

Das minoische Kreta hatte nun, nach 1600, in den Mykenern des griechischen Festlandes einen Konkurrenten. Zunächst scheint die minoische Vorherrschaft im östlichen Mittelmeerraum noch anzudauern. Die Neuen Paläste auf Kreta erreichten im 15. Jh. ihre größte Prachtentfaltung. Auf der Kykladeninsel Santorín (Thera) stand die blühende Stadt bei Akrotíri unter starkem minoischem Einfluß. Minoische Keramik in Milet beweist, daß die kleinasiatische Ägäisküste auch von Kreta aus kolonisiert war. Die Handelsbeziehungen nach Ägypten und nach Zypern blühten. Kreta lieferte Metall, Holz, Olivenöl, vermutlich auch Wein, aber auch Fertigwaren – kunsthandwerkliche Erzeugnisse aus Keramik und Metall.

Gegen 1450 wurden die minoischen Zentren auf Kreta aufs neue zerstört, aber im Unterschied zur Katastrophe von 1700 nicht wieder aufgebaut. Plötzlich und scheinbar unvorbereitet fand die minoische Kultur ihr Ende. Lediglich in Knossós und Archánes bestanden die Paläste weiter und wurden sogar noch umgebaut. Alle übrigen Siedlungsplätze standen zwar nach wie vor in der Tradition des Minoischen, doch es zeigt sich im ganzen ein rapider kultureller Verfall. Wie uns das Fundmaterial nach 1450 lehrt, sind die kunstgewerblichen Produkte nun wesentlich ärmlicher und primitiver als jene vor der Zerstörung. Nur im noch blühenden Knossós und in Archánes zeigen sich deutliche Spuren eines starken mykenischen Einflusses. Diese Nachblüte in Knossós während der Epoche Spätminoisch II wird auch als Palaststil bezeichnet. Mykenisches Leben ist noch an anderen Stellen, teilweise über den Trümmern minoischer Anlagen, nachweisbar. In der Nekropole Furní außerhalb von Archánes, die von den Minoern bereits jahrhundertelang benutzt worden war, entstehen nun auch mykenische Schachtgräber und sogar Kuppelgräber des Typus, der in Mykene um 1500 auftaucht. In Knossós pulsiert auch nach den umwälzenden Ereignissen noch bis 1380 reges Leben. Wie lange das minoisch-mykenische Archánes weiterbestand, ist archäologisch noch nicht gesichert.

Was war passiert? Hatten die schnell erstarkten Mykener die Insel überrannt? War man auf Kreta vielleicht aufgrund einer matriarchalischen Gesellschaftsstruktur nicht in der Lage gewesen, sich auf den patriarchalisch-kriegerischen Konkurrenten vom Festland einzustellen? Hatte man in einseitigem Vertrauen auf die Flotte die Verteidigungsanstrengungen vernächlässigt? Wenn auch unsere Quellen für den fraglichen Zeitraum äußerst dürftig sind, so sprechen doch einige Überlegungen gegen die Auffassung, ein kriegerischer Überfall der Mykener sei die Ursache für das jähe Ende der minoischen Kultur gewesen.

Bereits 1939 hat S. Marinatos den Vulkanausbruch auf der Insel Santorín um die Mitte des 2. vorchristlichen Jahrtausends mit den Zerstörungen auf Kreta um 1450 in Verbindung gebracht. Bei diesem Ausbruch ist der vorher wohl rund 1000 m hohe Gipfel der kegelförmigen Insel weggesprengt worden oder eingebrochen, so daß die Insel Santorín heute nur noch aus einer niedrigen Landmasse besteht, die den ehemaligen Krater von ca. 8–10 km Durchmesser im Norden, Süden und Osten sichelförmig umschließt (Fig. 33). Nach Marinatos hätten starke Erdbeben, fürchterliche Flutwellen und Aschenregen als Folge dieser Katastrophe den Untergang der minoischen Kultur auf Kreta unmittelbar bewirkt.

Die bronzezeitliche Siedlung bei Akrotíri auf Santorín, die Marinatos ab 1967 ausgrub, war bei dem Vulkanausbruch, den Geologen um 1500 datieren, durch Erdbeben zerstört und unter Bimsstein und Asche begraben worden. Sie erwies sich als Teil der minoischen Welt. Der »modernste« minoische Keramikstil, der auf Santorín zum Zeitpunkt der Zerstörung in Gebrauch war und von der Asche konserviert wurde, war der Florastil von Spätminoisch I a, dessen Dekor Pflanzen zeigt (Abb. 22). Auf Kreta hingegen finden wir in der Zerstörungsschicht der Paläste einen noch moderneren Stil mit einem Dekor von Meerestieren, den sogenannten Meeresstil von Spätminoisch I b (Fig. 1). Da dieser jüngere Meeresstil auf Santorín nicht mehr nachweisbar ist, folgt daraus, daß den Minoern auf Kreta nach der Katastrophe noch Zeit geblieben sein muß, diesen neuen Stil zu entwickeln. Der Vulkanausbruch kommt somit als direkte Ursache der Zerstörungen auf Kreta nicht in Frage; indirekt kann er jedoch, mit einer zeitlichen Verzögerung von ca. 50 Jahren, z. B. durch Nachbeben und andere geophysikalische Erscheinungen, durchaus den Untergang der minoischen Welt herbeigeführt haben. Das Leben der Minoer war in hohem Maße von Handel und Export abhängig, denn es ist kaum vorstellbar, daß die Landwirtschaft der Insel, deren Gesamtfläche von 8300 km² auch mit heutigen Methoden nur zu höchstens 28% als Ackerfläche genutzt werden kann, eine ausreichende Basis für die Hochkultur mit ihrer hohen Bevölkerungszahl hätte abgeben können (geschätzt nach C. Renfew für Spätminoisch I ca. 256000 Einwohner, heute ca. 550000). Die Vernichtung eines großen Teils der minoischen Flotte in der Folge des Vulkanausbruchs wäre ein schwerer Schlag für die minoische Wirtschaft gewesen. Vielleicht haben Nachbeben und Aschenregen, die noch jahrelang ange-

Fig. 1 Linsenförmige Flasche mit Oktopusdekor (Meeresstil), aus Palékastro/Ostkreta. Spätminoisch I, um 1500 v. Chr. Archäologisches Museum Iráklion

dauert haben können, etliche Ernten vernichtet. Und wenn durch ernsthafte Versorgungsschwierigkeiten die Basis der minoischen Kultur entscheidend geschwächt worden wäre, können schwerwiegende Krisen und soziale Unruhen die Folge gewesen sein. Möglicherweise war überhaupt die minoische Hochkultur nach ihrer jahrhundertelangen Blütezeit in einem Stadium einerseits der höchsten Verfeinerung, andererseits jedoch des inneren Verfalls angekommen. Jedenfalls scheinen die Mykener die Krise auf Kreta zu ihren Gunsten genutzt zu haben. Nach dieser Theorie lohnte es sich vielleicht für die Mykener nicht mehr, die anderen minoischen Paläste und Landsitze außer Knossós und Archánes wieder aufzubauen: Das minoische Kreta war am Ende!

Ein interessanter Beleg für den Herrschaftswechsel auf Kreta findet sich in Ägypten. Vielfach sind auf ägyptischen Fresken Minoer dargestellt, eindeutig identifizierbar an der typischen Keramik, die sie in Händen halten. Im Grab des Rechmi-Ré in Theben-West z.B. sind um 1470 Kreter mit dem typischen minoischen Lendenschurz abgebildet, doch wurde diese Darstellung zwischen 1460 und 1450 übermalt. Wir sehen jetzt den mykenischen Schurz, der vorne zwischen den Beinen in einem herabhängenden Zipfel endet. Rechmi-Ré war Wesir von sehr hohem Rang, eine Art Außenminister unter Thutmosis III. und Amenophis II., und es scheint, als habe er noch zu Lebzeiten – die Ägypter pflegten ihre Gräber bei Lebzeiten zu errichten – der neuen politischen Situation auf Kreta, dem ihm bekannten Regierungswechsel, Rechnung tragen wollen.

In der Folgezeit waren die Mykener die Herren im östlichen Mittelmeer. Ab dem 14. Jh. ist mykenischer Einfluß auf Rhodos und Zypern nachweisbar; ab 1230 taucht mykenische Keramik im kurz vorher zerstörten Enkomi auf der Kupferinsel Zypern auf. Auch auf Sizilien finden sich Spuren der Mykener.

Im Verlauf des 13. Jh. scheinen sich die Mykener mehr und mehr bedroht gefühlt zu haben. Gewaltige Befestigungsmauern wurden zum Schutz der Burgen errichtet, bereits vorhandene verstärkt. Dennoch sanken alle mykenischen Zentren bereits Ende des 13. / Anfang des 12. Jh. in Schutt und Asche. Zur gleichen Zeit zerfiel das Hethiterreich; auch Ägypten sah sich in dieser Zeit dem Ansturm fremder Seevölker ausgesetzt, die erst Pharao Ramses III. 1176 besiegen konnte.

Wir wissen bis heute nicht, wer diese Seevölker waren, die offenbar das ganze östliche Mittelmeer bedrohten, und inwieweit sie auch für das Ende der mykenischen Epoche verantwortlich sind. Man spricht von Philistern und ihren Bundesgenossen, die auf dem Seeweg um 1200 die erste Eroberungswelle eingeleitet und das griechische Festland überschwemmt hätten. Unabhängig von ihnen gelangten von Norden her in einer zeitlich etwas verschobenen Einwanderungswelle die Dorer nach Griechenland und von hier aus auch auf die ägäischen Inseln. Dies scheint jedoch erst im 12. Jh. der Fall gewesen zu sein, so daß sie als Zerstörer der mykenischen Kultur zu spät gekommen wären. Die Historiker sind sich über die zeitliche Abfolge der Invasionen und die beteiligten Völker uneins. Es sind die »dunklen Jahrhunderte« der griechischen Geschichte.

Es gibt aber einige Hinweise, die Rückschlüsse auf das Ende der Bronzezeit anregen. Zunächst sind da die Tontäfelchen mit Linear-B-Schriftzeichen aus Pylos, aus deren Inhalt hervorzugehen scheint, daß man einen kriegerischen Angriff erwartete, aber auch, daß das Rohmaterial für Bronzeherstellung äußerst knapp geworden war. Vor allem aber sind die mythologischen Überlieferungen aufschlußreich. Das, was die Griechen der Antike von ihren mykenischen Vorfahren zu berichten wußten, sind samt und sonders Erzählungen von Beutezügen und Kriegen: der Kampf um Troja, die Fahrt der Argonauten unter Jason, der Zug der Sieben gegen Theben. Die in den Mythen formulierten Begründungen für solche kriegerischen Aktionen sind meist recht dürftig: persönliche Kränkungen, Erbstreitigkeiten oder gar der Raub der schönen Helena, um die der zehnjährige Trojanische Krieg mit seiner Unzahl von Toten entbrannt sein soll. Glaubwürdiger erscheint hier die Annahme eines Handelskrieges, denn Troja beherrschte aufgrund seiner topographisch günstigen Lage an der Einfahrt in die Dardanellen den Zugang zum Schwarzen Meer.

Mitte des 12. Jh. waren alle bronzezeitlichen Kulturen im Ägäisraum zusammengebrochen. Auf Kreta sind, versteckt in den Bergen, weit entfernt von den gefährlich gewordenen Küsten, vereinzelte Ansiedlungen in minoischer Tradition aus späterer Zeit gefunden worden. Während die minoisch-mykenischen Erzeugnisse der ersten Hochkulturen auf europäischem Boden versanken und ihre Errungenschaften in Vergessenheit gerieten, begannen die Menschen, die sich irgendwann im 12. Jh. von Norden kommend in Griechenland niederließen, noch einmal von vorn. Sie schufen damals die Grundlagen der griechischen Antike, die unsere abendländische Kultur so nachhaltig geprägt hat. Was später Homer (8. Jh. v. Chr.) in Verse faßte, waren vielleicht mündliche Überlieferungen, mythisch verkleidete Erinnerungen an jene Frühzeit des Griechentums.

Matriarchat und Patriarchat

Um es gleich vorweg zu sagen: Unser Beweismaterial ist viel zu dürftig für eine eindeutige Beantwortung der Frage, ob es auf Kreta zu irgendeiner Zeit ein Matriarchat, also eine Herrschaft der Frauen gegeben hat oder nicht! Vor allem fehlen schriftliche Quellen. Alles, was zu diesem Thema geschrieben worden ist, beruht auf subjektiven Interpretationen und Vermutungen. Jedoch gibt es einige wichtige Anhaltspunkte, die ein minoisches Matriarchat, zumindest im Sinne einer hervorragenden Stellung der Frau im öffentlichen und religiösen Leben, wahrscheinlich machen.

Auf szenischen Darstellungen aus minoischer Zeit fällt die dominierende Stellung von Frauen im Vergleich zu Männern deutlich ins Auge. Eine Fresko-Szene aus Knossós soll dafür als Beispiel dienen. Bei einem Heiligtum mit einer dreiteiligen »Kultfassade« ist eine große Ansammlung von Menschen dargestellt, vielleicht Zuschauer, die zwischen Pfeilern und Säulen sitzen (Abb. 46, 47). Während die Männer (nach Art der ägyptischen Freskomalerei mit brauner Hautfarbe dargestellt) nur als amorphe Masse von Köpfen erscheinen, sind den Frauen (mit weißer Hautfarbe) die besten Plätze im Vordergrund, an Brüstungen, auf Pfeilersockeln oder links und rechts des Heiligtums in der Bildmitte (Abb. 47) zugewiesen. Außerdem sind die Frauen größer und viel detailreicher dargestellt als die Männer.

Noch deutlicher sprechen Siegeldarstellungen für die dominierende Rolle der Frauen zumindest im kultischen Bereich. Typisch ist die Szene auf einem Siegelabdruck aus Knossós (Fig. 2). Auf einer Bergspitze, die von zwei Löwen antithetisch flankiert wird, steht eine Frau oder Göttin mit einem Speer in der ausgestreckten Hand. Dabei scheint es sich um eine Herrschaftsgeste zu handeln, wie sie auch von anderen minoischen Darstellungen bekannt ist. Rechts vor ihr steht ein Mann in Adorantenhaltung. Ein Gebäude links im Hintergrund deutet einen Tempel oder einen Altar an, ein minoisches Gipfel- bzw. Bergheiligtum, wie es auf Kreta weit verbreitet war.

Darstellungen von Kulthandlungen zeigen Frauen immer als die Hauptakteure. Männer erscheinen dabei allenfalls in untergeordneten Rollen, z.B. als Gabenträger oder Musikanten, wobei sie meist Frauenkleider tragen (Abb. 26, 27).

Auch in kleinplastischen Werken dominiert die Frau. Im Vergleich zu den ausdrucksvollen weiblichen Statuetten sind die männlichen höchst einfach modelliert. Eines der berühmtesten und elegantesten plastischen Werke der minoischen Kunst ist die sogenannte Schlangengöttin (Abb. 51). Die kleine Fayencefigur mit Schlangen in den ausgestreckten Händen und einem katzenartigen Tier auf dem Kopf – kennzeichnende Attribute für ganz bestimmte Wesensmerkmale einer Gottheit – ist bekleidet mit einem gestuften Glockenrock, der das Becken betont, und miederartigem Oberteil, das die Brüste entblößt läßt (vgl. die Kleidung der Frauen auf den Fresken und Siegeln!). Die Statuette wurde im sogenannten Tempelschatz von Knossós zusammen mit anderen Figuren und Gegenständen vermutlich sakraler Bedeutung gefunden.

Fig. 2 Herrschende Göttin auf einem Siegelabdruck aus Knossós, um 1500 v. Chr. (Rekonstruktion, seitenverkehrt). Archäologisches Museum Iráklion

Minoische Frauenplastiken mit ihrer Betonung des Weiblichen erinnern an Darstellungen des Neolithikums, wie wir sie nicht nur von Kreta kennen. In den steinzeitlichen Ton- und Steinidolen ist der weibliche Körper bisweilen bis auf die Brüste, das Becken und allenfalls angedeutete Extremitäten abstrahiert. Diese weiblichen Statuetten mit ihrer extremen Betonung der Geschlechtsmerkmale werden gemeinhin mit der großen Bedeutung von Fruchtbarkeit und Wachstum für neolithische Kulturen in Verbindung gebracht, die ihren Niederschlag im Kult einer Fruchtbarkeits- und Muttergöttin gefunden haben soll. Man nimmt gerne an, daß solche religiösen

Vorstellungen des Neolithikums auch in der gesamten minoischen Zeit vorherrschend gewesen sind.

Die These von einem matriarchalischen Charakter der minoischen Kultur findet Unterstützung im gesamten Erscheinungsbild ihrer künstlerischen Hinterlassenschaften. Das Anmutige, die Vorliebe für bewegte ornamentale Dekorationen (Abb. 20), die pflanzlichen (Abb. 22) und/oder figuralen Motive der verschiedenen Keramikstile drücken nach unserem heutigen Verständnis eine stark sensibilisierte, feminin anmutende Wohn- und Lebensqualität aus. Kleinste Siegelbilder zeigen zierliche, bewegte Kompositionen. Vor allem das völlige Fehlen von Darstellungen kriegerischen Inhalts entspricht unseren heutigen Vorstellungen von Weiblichkeit – eine Vorstellung allerdings, deren unbesehene Übertragung auf den Geist einer anderen Epoche zu groben Fehlinterpretationen führen kann. Die Minoer liebten es, beschwingt-spielerische Szenen darzustellen, denen eine gewisse Spannung innewohnt (Fig. 2), die auch naturalistisch erscheinen, aber nicht im eigentlichen Sinne realistisch sind. Demgegenüber legten die Griechen Wert auf eine tektonische Durchbildung des Körpers, ein Ideal, das sie nicht nur in der Skulptur, sondern auch in der Vasenmalerei anstrebten.

Noch deutlicher unterscheiden sich minoischer und griechischer Geist in der Architektur. Während sich die griechische Baukunst, in deren Tradition unser abendländisches Bauen noch immer steht, auf einfache geometrische Formen mit geraden und klar begrenzten Außenflächen, aber auch auf einfache Körper wie Quader und deren Durchbildung zurückführen läßt, scheinen die Minoer für ihre Architektur etwas völlig anderes als wichtig erachtet zu haben. Der griechische Tempel hebt sich mit seinem dreistufigen Stylobat vom Erdreich ab; er steht meist an einem mythischen, einer Gottheit geweihten Ort und wird dort – auf einer Akropolis, inmitten eines dichtgedrängten Stadtgebietes, in einem offenen Hain, einer Niederung oder an den Hängen eines Berges – durch einen dichten Säulenkranz von seiner Umgebung abgegrenzt. Der Baukörper des Tempels kommuniziert nicht mit seiner Umgebung, er wirkt eigenständig. Die minoischen Palastanlagen hingegen, nach einem additiv akkumulierenden Bauprinzip konzipiert, ruhen in einer ungeschützten Ebene, nicht selten in Küstennähe. Die Palastfassaden springen vor und zurück, werden durchbrochen von Treppen und Eingängen, die zudem noch alle asymmetrisch angelegt sind, so daß sich die verschiedenen Raumachsen nie einer gemeinsamen Hauptachse zuordnen lassen. Und dann die Innenräume: Von untergeordneter Bedeutung bei den Tempeln der Griechen, scheinen sie den Minoern das Wichtigste gewesen zu sein. Minoische Paläste bestehen aus in sich abgeschlossenen ästhetischen Raumeinheiten, ihre kunstvoll durchgebildeten Hoffassaden scheinen der Raumfunktion untergeordnet zu sein. Friedrich Matz sprach in diesem Zusammenhang von einer »Architektur in Rahmenfunktion« – Rahmen für das Leben, das sich in ihr abspielte (vgl. die rahmenhafte Architekturdarstellung in Abb. 46: das Wichtigste sind die Zuschauer!). Mit dieser typischen Ausprägung ist die minoische Architektur in der gesamten Kulturgeschichte ohne Beispiel!

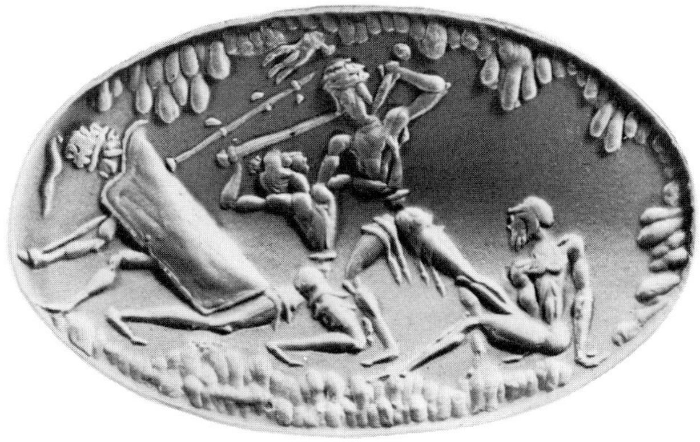

Fig. 3 Kampfszene auf goldenem Siegelring aus Mykene, Späthelladisch I, 1. Athen, Nationalmuseum

Ein völlig anderer, ein kriegerischer Geist tritt uns in der mykenischen Kultur entgegen. Die mykenische Gesellschaft scheint patriarchalisch ausgerichtet und von Fürsten gelenkt gewesen zu sein. In ihrer Religion dominieren männliche Gottheiten. Die mykenischen Funde bestätigen diesen anderen Geist. In den Gräbern sind meist die Männer mit den kostbarsten Grabbeigaben beigesetzt, nur sie tragen im Gräberrund A von Mykene goldene Totenmasken. Neben Geschirr gehören nun vor allem Waffen zu den Grabbeigaben. Im Sinne eines Patriarchats, d. h. einer Männer-, genauer Väterherrschaft,

Fig. 4 Wandfreskofragment aus Mykene, gedeutet als Bild der Eriphyle, Gattin des Sehers Amphiaraos, mit dem verderbenbringenden Halsband der Harmonia in der Hand. Um 1450 v. Chr. Athen, Nationalmuseum

Fig. 5 Kriegerkopf mit Helm aus Eberzähnen. Elfenbein, aus einem Kammergrab der Unterstadt von Mykene. Athen, Nationalmuseum

läßt sich die große Bedeutung der Abstammung eines Fürsten aus einem bestimmten Geschlecht, letztendlich von Göttern interpretieren; dieses genealogische Bewußtsein finden wir sowohl in den Mythen als auch in den aufwendigen (Familien- oder Sippen-)Grabanlagen mit ihren wertvollen Beigaben, zumindest im 14. und 13. Jh., stark ausgeprägt. Auch erscheint uns die Baulogik der mykenischen Anlagen anders als die der minoischen. Besonders die Burganlage von Tiryns stellt aufgrund ihres Erhaltungszustandes ein gutes Beispiel dieser Baukunst dar. Die massigen Baukörper innerhalb der Burganlage lassen einen streng-männlichen Geist erkennen im Gegensatz zu der in ihrer Feingliedrigkeit und farbenfrohen Ausgestaltung feminin anmutenden Architektur der Minoer.

Auch die szenischen Darstellungen in der mykenischen Kunst besitzen diesen männlich-heroischen Wesenszug. Sie zeigen sehr oft Kriegs- oder Jagdszenen, wie zum Beispiel die Eroberung einer Burg auf einem Rhyton aus dem Grab IV in Mykene oder die Löwenjagd auf der Klinge eines Bronzedolches (Abb. 129, 130) vom gleichen Fundort. Auf den Siegeln finden wir oft Kultszenen in minoischer Art, aber auch Kampfszenen, wie es die Darstellung eines Zweikampfes auf dem goldenen Ring aus Mykene (Fig. 3) belegt. Auf mykenischen Malereien erscheinen zwar oft Frauen, doch unterscheiden sich diese in der Art der Kleidung deutlich von Darstellungen aus dem minoischen Bereich; ihre Brüste sind stets bedeckt (Fig. 4). Auch kleine Elfenbeinplastiken mykenischer Krieger sind gefunden worden (Fig. 5). Diese Krieger tragen Helme aus Eberzähnen, wie sie Homer in der Ilias beschreibt. Bemerkenswerterweise fand sich ein solcher Helm in einem Grab auf Kreta aus der mykenischen Epoche.

Die mykenische Kultur war also deutlich anders ausgerichtet als die minoische. Letztlich können wir aber auch hier die Frage nach der Gesellschaftsform und damit nach dem Patriarchat nicht eindeutig beantworten, auch wenn aus den Schrifttäfelchen aus Pylos die Bezeichnung »König« herausgelesen wird.

Kultsymbole, Kultszenen, Kultstätten

Kultsymbole

Zwei Symbole tauchen in der minoischen Kunst und Architektur immer wieder auf, deutlich seltener werdend dann in der Symbolsprache des mykenischen Kulturkreises: die Doppelaxt und die stilisierten Stierhörner. Während Stierhörner vor allem die Traufe von Heiligtümern bekrönten, aber auch andere wichtige (sakrale?) Gebäude und Altäre zierten (Fig. 8), wie es uns nicht nur die ergrabenen Denkmäler lehren, sondern auch die Darstellungen minoischer Bauten auf Siegeln, Fresken und anderen Fundstücken, wurden plastische Doppeläxte in Miniaturform (Fig. 6) und in monumentaler Größe, aus Gold, Bronze und anderen wertvollen Materialien, im Innern von Gebäuden, aber auch in Kultgrotten aufgestellt. Außerdem finden wir die Doppelaxt sehr oft in der Malerei (Abb. 26, 27) und auf Siegelbildern dargestellt. Die Doppelaxt als kultisches Symbol stammt wohl aus Anatolien, denn sie ist dort bereits in Catal Hüyük auf Wandmalereien nachweisbar. Das Wort »Labrys« für Doppelaxt, von dem sich »Labyrinthos« als »Haus der Doppelaxt« herleitet, weist ebenfalls sprachlich nach Anatolien. Von den weiteren Symbolen der Minoer seien hier nur noch der achtförmige Schild und der Kultknoten genannt, die als plastische wie als gemalte Motive auf Gefäßen oder in szenischen Darstellungen vielfach auftauchen. Die Bedeutung all dieser minoischen Symbole konnte bislang nicht geklärt werden. Daß sie nicht nur dekorativen Zwecken dienten, vielmehr eine bestimmte kultische Funktion erfüllten bzw. als Sinnbilder der religiösen Vorstellungen der Minoer zu verstehen sind, steht außer Frage.

Fig. 6 Doppelaxt aus Gold aus der Höhle von Arkalóchori/Ostkreta (Durchmesser 8,6 cm). Spätminoisch I. Archäologisches Museum Iráklion

Kultszenen

Wir besitzen eine Vielzahl von szenischen Darstellungen aus der minoischen Kunst, die höchstwahrscheinlich irgendeine Kulthandlung zum Gegenstand haben. Ähnliche Kultszenen kennen wir auch aus dem mykenischen Bereich; dort scheinen sie nicht nur inhaltlich, sondern auch formal deutlich in minoischer Tradition zu stehen. Die meisten dieser kultischen Szenen kommen auf Siegeln und ihren Abdrücken, seltener auf Wandmalereien vor. Daß solche Darstellungen sich auf kultisch-religiöse Zusammenhänge beziehen müssen und nicht auf alltägliche Szenen, erhellt ihre genauere Betrachtung und Interpretation.

Zunächst ein paar Bemerkungen zu den Siegeln selbst. Siegel bzw. ihre Abdrücke wurden auf Kreta in sehr großer Zahl gefunden. Man nimmt an, daß sie so etwas wie ein persönliches Identitätszeichen ihres Besitzers waren, der mit dem Siegelabdruck eine Art Unterschrift leistete. Die vielen Tonabdrücke von Siegeln, in denen teilweise auch Abdrücke von Schnüren – vielleicht von der Verpackung oder vom Verschluß des zu kennzeichnenden Produktes – erkennbar sind, legen die Vermutung nahe, daß sie zur Kennzeichnung von Besitztum dienten. Die kretischen Siegelfunde reichen zurück bis zu den Anfängen der Bronzezeit; die ältesten ähneln solchen aus Babylonien oder Ägypten. Bald aber lösten sich die Minoer von diesen Vorbildern. Was die minoischen Künstler in der Folgezeit auf den kleinen Siegel-Bildflächen zu leisten imstande waren, zeugt von einer schier unerschöpflichen Phantasie und großem gestalterischen Können.

Viele Siegel zeigen Ornamentik, dabei oft Motive mit labyrinthähnlichen Gebilden, bisweilen Doppeläxte; die schönsten sind aber die mit szenischen Bildern. In immer neuen Variationen werden Tiere und Menschen dargestellt. Die aufwendigsten, aber auch seltensten Stücke sind Ringe aus Gold; sie zeigen auf der meist ovalen Siegelbildfläche Kultszenen mit einer Fülle von miniaturhaften Details. Solche Ringe wurden vielleicht von Priesterinnen und Priestern getragen, in jedem Falle von Persönlichkeiten der minoischen Gesellschaft.

Der erste der Siegelringe, der hier vorgestellt werden soll, stammt aus dem Grab von Isópata nördlich von Knossós und entstand wohl um 1450 (Abb. 103). Wir sehen vier ekstatisch tanzende Frauen mit nacktem Oberkörper auf einer blumengeschmückten Wiese, die durch Lilien angedeutet ist. Im Hintergrund, links oben, ist eine kleine Gestalt erkennbar, außerdem zwei Schlangen und, rechts vom Rock der obersten der vier Frauen, ein Auge. Man könnte die Darstellung sehen als Tanz minoischer Priesterinnen, die in durch Rauschmittel gesteigerter Ekstase Erscheinungserlebnisse haben. Die kleine Gestalt links oben legt die Deutung als Epiphanie einer Göttin nahe. In dem Auge will man ein Symbol für eine allessehende Gottheit erkennen; die Schlangen sind Attribute der sogenannten Schlangengöttin.

Der zweite, etwa zeitgleiche Siegelring (Abb. 102) stammt aus Furní, der Nekropole von Archánes. In der Mitte erkennen wir wieder eine tanzende Frau; rechts von ihr scheint ein Mann damit beschäftigt, einen Baum zu entwurzeln; links umfaßt ein zweiter Mann kniend, vielleicht in einer Geste der Trauer, ein großes Gefäß. Man interpretiert die Szene im Zusammenhang mit einem minoischen Vegetationskult, der das jährliche Hinsterben der Vegetation zum Inhalt hat. Ähnliche kultische Baumentwurzelungen begegnen uns mehrfach in der minoischen Kunst, aber auch auf Siegeln des mykenischen Kulturkreises.

Ein Goldring, der sehr an minoische Formensprache erinnert, wurde in Mykene unweit des Gräberrundes A ge-

Fig. 7 Goldener Siegelring mit kultischer Darstellung, aus dem Schatz südlich des Gräberrundes A von Mykene. Athen, Nationalmuseum

funden. Der recht große Ring (Fig. 7) zeigt links eine unter einem Baum sitzende Frauengestalt mit Mohnkapseln in der Hand, der von rechts her drei Frauen – eine davon sehr klein, also vielleicht ein Mädchen – Lilien darbringen. Eine Reihe von Symbolen ist erkennbar: in der Mitte die minoische Doppelaxt als Zeichen eines irdischen Heiligtums (?), darüber Sonne und Mondsichel, die einen Kult der Himmelskörper nahelegen (?), weiter rechts oben, hinter einem achtförmigen Schild, eine kleine männliche Gestalt, die zur Befruchtung der Göttin, zur heiligen Hochzeit erscheint (?), und schließlich ganz rechts sechs Löwenköpfe. Möglicherweise handelt es sich hier um die Göttin eines rauschhaften Kultes (Mohn!), der Gaben dargebracht werden, wobei die Symbole religiöse Aspekte der dargestellten Kultszene oder der Göttin versinnbildlichen können.
Leider müssen solche Interpretationen von inhaltlichen Zusammenhängen Hypothesen bleiben. Auffallend ist aber, daß immer Frauen die Ausführenden wichtiger kultischer Handlungen sind, wobei wir nicht entscheiden können, ob es sich im Einzelfall um Priesterinnen oder Göttinnen handelt. Die Frauen tragen meist die typische, die Weiblichkeit betonende Kleidung (vgl. »Schlangengöttin«, Abb. 51). Einige Szenen scheinen auf einen Vegetationskult hinzudeuten, bisweilen ist ein rauschhafter Charakter der Zeremonie unverkennbar. Die (Kult-?) Handlungen spielen sich meist im Freien ab, jedoch ist manchmal auch Architektur angedeutet, vermutlich Heiligtümer und Palastfassaden. Was wir auf den Darstellungen sehen und herauslesen können, paßt immerhin gut mit unserer Vorstellung zusammen, im minoischen Kreta habe der neolithische Vegetationskult um die Gestalt einer Muttergottheit und eines ihr an die Seite gestellten sterblichen Vegetationsgottes seine Fortsetzung gefunden.

Kultstätten

Die wichtigsten minoischen Kultstätten außerhalb von Palästen waren wohl Bergheiligtümer, Höhlen und kleine Tempel nach Art der Anlage von Anemóspilia. In vielen neolithischen Kulthöhlen ist auch minoisches Kultgerät gefunden worden. Bemerkenswert ist, daß die Bevölkerung über Jahrtausende nie aufgehört hat, solche Ur-Kultgrotten zu verehren. Oft haben solche Höhlen sogar in christlicher Zeit eine religiöse Umdeutung erfahren, wobei wir vermuten dürfen, daß nicht selten in die dort gefeierten christlichen Riten altkretische Kultvorstellungen eingeflossen sind.
Auf nicht allzu hohen Gipfeln, oft in der Nähe eines minoischen Palastes, konnten Bergheiligtümer nachgewiesen werden, vor allem durch Funde von Doppeläxten, Adorantenstatuetten, Keramik und anderem Fundmaterial. Besonders interessant sind Tonstatuetten, die z.B. mit einem dicken Bein ein körperliches Gebrechen an-

Fig. 8 Rhyton aus Zákros. Die Flachreliefdarstellungen lassen ein Bergheiligtum erkennen. Grünlicher Schiefer, ehemals vergoldet. Spätminoisch I, um 1500 v. Chr. Archäologisches Museum Iráklion

deuten, oder rundplastische Votive einer geschwollenen Hand. Offenbar brachten die Minoer, wie heute noch die orthodoxen Griechen, solche Votivgaben ins Heiligtum, um Heilung von einer Krankheit zu finden. Nur selten sind Architekturreste erhalten. Ein solches Bergheiligtum ist wahrscheinlich auf einem Steatitrhyton aus dem Palast von Zákros dargestellt (Fig. 8). Eingepaßt in eine Gipfellandschaft, erkennen wir ein dreiteiliges Gebäude – einen erhöhten, mit Spiralen gezierten Mitteltrakt und zwei niedrigere Seitenflügel, deren Traufen von Kulthörnern und aufrecht gestellten Lanzen (?) bekrönt sind. Von dem Heiligtum führt eine breite Stufenanlage zu einem davorliegenden Hof, wohl eine Art Temenos (heiliger Bezirk). Er ist von hohen Einfriedungsmauern begrenzt, deren Gesimse wiederum Kulthörner schmükken. In der Mitte des Hofes erkennen wir einen langgestreckten gemauerten Altartisch; zwei weitere Altäre stehen an bzw. auf den Stufen zum Heiligtum: links ein gestufter Opfertisch, auf den ein Olivenzweig und ein Doppelhorn gelegt sind, in der Mitte vor dem Hauptbau ein kleiner Rundaltar. Die Bergziegen und Vögel auf dem Dach sollen vielleicht die Anwesenheit einer Gottheit symbolisieren.

wurde, wird in der kretischen Legende der Antike als Grab des Zeus bezeichnet. An diesem traditionsreichen kultischen Ort feiern die orthodoxen Christen noch heute alljährlich am 6. August das Metamorphosis-Fest, die »Verklärung Christi«. In der Vorstellung von Zeus' Sterblichkeit klingt wieder die Assoziation an einen sterblichen Vegetationsgott an, wie er vielleicht auch in minoischer Zeit verehrt worden ist.

Völlig singulär ist bislang der Fund von Anemóspilia. Hier wurde 1979 erstmals ein minoischer Tempel freigelegt, der um 1700 v. Chr. durch Erdbeben zusammengestürzt ist. In ihm fand zur Zeit seiner Zerstörung ein Menschenopfer statt, das vielleicht den Göttern in der Ausnahmesituation einer drohenden Katastrophe dargebracht wurde.

Endlich sind noch die minoischen Paläste zu erwähnen, deren kultischer Charakter für einige Raumgruppen (in Knossós ist es der Westflügel) belegt ist. Die prunkvolle Ausführung der in ihnen gefundenen Objekte läßt darauf schließen, daß sie zeremoniellen Zwecken gedient haben; Gebrauchsgegenstände sind demgegenüber deutlich einfacher, weniger kunstvoll gearbeitet. Manche der Räume in den Palästen scheinen reine Kultstätten gewe-

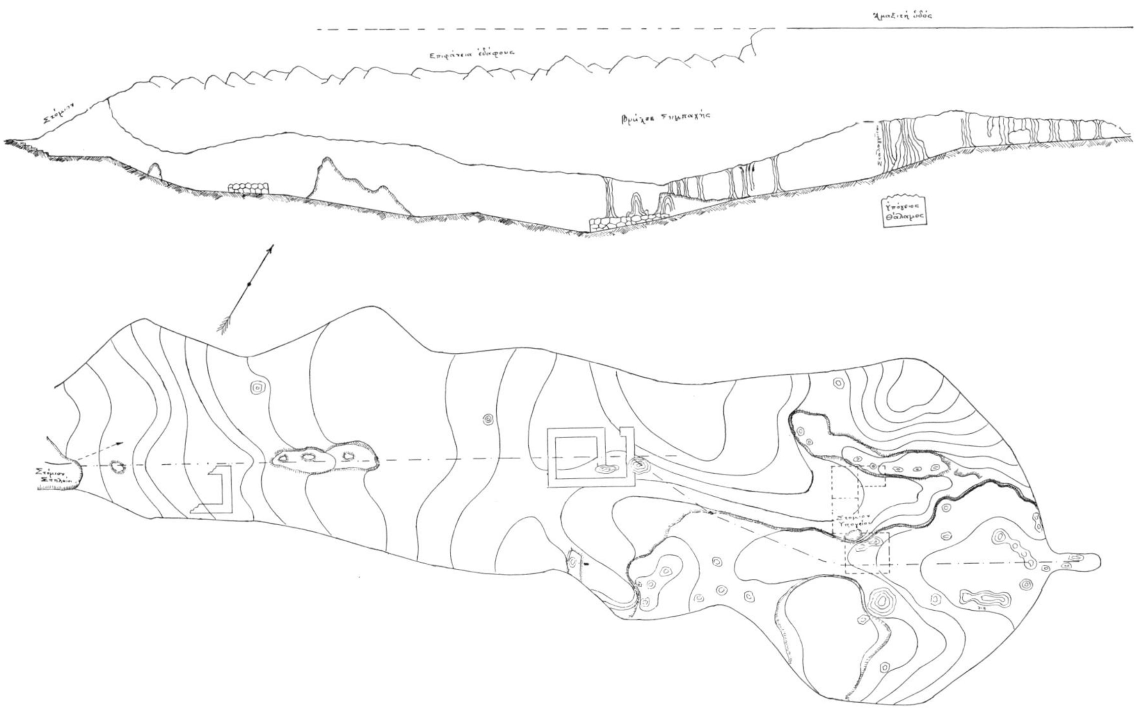

Fig. 9 Grotte der Eileithyia bei Amnissós, Längsschnitt und Grundriß (nach Marinatos)

Über die verehrten Gottheiten wissen wir nichts Sicheres. Vielleicht wurden in den Höhlen chthonische Erdgottheiten oder Muttergottheiten verehrt, auf den Bergen aber Gottheiten des Himmels. Die minoische Eileithyia, deren Heiligtum in einer Grotte bei Amnissós nachgewiesen wurde (Fig. 9), galt auch den Griechen der Antike als Göttin der Geburtshilfe. Der olympische Zeus war eine Himmelsgottheit der Minoer. Der Júchtas bei Archánes, auf dem ein kretisches Bergheiligtum entdeckt

sen zu sein, so etwa die Lustralbecken, in die man über Treppenstufen hinunterschreiten kann. Man nimmt an, daß diese oft aufwendig gestalteten, tieferliegenden Räume zur Abhaltung kultischer Waschungen dienten und interpretiert sie folglich als künstliche Grottenheiligtümer. Allerdings wurden diese Waschungen wohl nur symbolisch vollzogen, denn die Lustralbecken sind oft mit Alabaster ausgekleidet, einem Material, das sich unter Wassereinwirkung auflöst.

Stierkult – Stiersymbol

Der Stier muß für die Minoer von eminenter Bedeutung gewesen sein, denn er ist – vergleichbar dem Kreuz in der christlichen Kunst – in ihren Hinterlassenschaften allgegenwärtig: auf Wandmalereien und Siegeln, auf Elfenbein- und Steatitgefäßen sowie in der Kleinplastik. Die Hörner des Stieres krönten als »Symbol der Heiligkeit« wichtige, meist wohl kultische Gebäude. Außerdem haben Stieropfer im Totenkult der Minoer und Mykener eine große Rolle gespielt; dies veranschaulichen eine ganze Reihe von Opfergefäßen, sogenannte Rhyta, in der Gestalt des Stieres oder Stierkopfes und besonders die Darstellungen auf dem Sarkophag von Ajía Triádha (Abb. 26, 27). Als schönstes Exemplar eines solchen Stierrhytons kann der Stierkopf aus dem Kleinen Palast von Knossós gelten (Abb. 52). Wesentlich einfacher gehalten ist dagegen das Tonrhyton (Fig. 10) von der kleinen Insel Psíra, die der Nordküste Kretas im Golf von Merambéllo vorgelagert ist. Solche Gefäße wurden nicht nur von den Minoern verwendet, sondern auch bis nach Ägypten exportiert.

In der minoischen Religion erscheint der Stier nie als Attribut einer Gottheit. Seine Sonderstellung besteht darin, daß er als Urgewalt von den Menschen überwunden werden mußte, was, wie wir meinen, die Minoer durch die Opferung und durch das »Stierspiel« zu erwirken glaubten. Das »Stierspringerfresko« aus dem Palast von Knossós zeigt ein solches Stierspiel (Abb. 49): Drei Akrobaten, zwei Frauen (helle Haut) und ein Mann (dunkle Haut), scheinen drei Phasen eines Sprunges über den Rücken eines heranstürmenden Stieres anzudeuten, wobei offenbar zunächst die Hörner des Stieres gepackt wurden und die Akrobaten sich dann von der Wucht des hochgeworfenen Stierkopfes im Überschlag über dessen Rücken schleudern ließen. Sollen wir glauben, die Minoer hätten tatsächlich einen solch gefährlichen »Sport« betrieben, wie es die Darstellung nahelegt? Immerhin ist dieser Sprung vielfach abgebildet, auch auf Siegeln und Gefäßen. An der Durchführbarkeit eines Sprunges von vorn über den Stierrücken, wie wir ihn uns vorstellen, muß man allerdings zweifeln; die besten spanischen Stierkämpfer unserer Tage halten ihn für nicht realisierbar.

Der Inhalt bzw. das Ziel des »Stierspiels« scheint jedenfalls nicht die Tötung des Stieres gewesen zu sein, denn sonst dürften wir erwarten, sie auch dargestellt zu sehen – dies ist jedoch nur im Zusammenhang mit Opferhandlungen der Fall. Die besterhaltene und ausführlichste Darstellung eines Stieropfers bietet der Sarkophag von Ajía Triádha, der zwar erst aus der mykenischen Epoche Kretas stammt, dessen Malereien jedoch dieselben Szenen zeigen, wie sie von minoischen Siegeln bekannt sind.

Den Mittelpunkt der Szene auf einer Längsseite des Sarkophags (Abb. 27) bildet ein auf einen Opfertisch gefesselter Stier, der geschächtet wurde; rotes Blut fließt aus der tödlichen Wunde des Halses in ein Gefäß, das auf dem Boden steht. Unter dem Opfertisch hocken weitere Tiere, augenscheinlich ebenfalls zur Opferung bestimmt. Sechs Frauen sind die Hauptakteure der Kulthandlung, ein Mann ist nur als Flötenspieler anwesend. Rechts wird auf einem Altar ein unblutiges Opfer vorbereitet. Hinter dem Altar steht eine große aufgepflanzte Doppelaxt, auf der ein Vogel sitzt, wohl die Anwesenheit einer Gottheit oder des Verstorbenen symbolisierend. Noch weiter rechts erkennt man ein kleines umfriedetes Baumheiligtum, das mit Kulthörnern bekrönt ist; Altar und Heiligtum sind mit Spiralmotiven geschmückt.

Die andere Längsseite des Sarkophags (Abb. 26) zeigt eine Szene des Totenkultes, in dessen Zusammenhang auch das Stieropfer steht. Archäologische Funde haben diesen Zusammenhang bestätigt. Stierknochen fanden sich im Rundgrab von Krássi/Pedhiádha und in der Grabstätte von Trápeza/Lassíthi (beide aus der frühminoischen Zeit) sowie im Tholosgrab A von Archánes (SM III), aber auch in mykenischen Gräbern auf dem Festland (Mykene, Dendra u.a.). Allerdings haben die

Fig. 10 Tonrhyton in Gestalt eines Stieres, von der Insel Psíra im Golf von Merambéllo/Ostkreta. Archäologisches Museum Iráklion

Minoer Stiere auch außerhalb von Gräbern geopfert, denn sowohl im »Haus der geopferten Rinder« (MM III) an der südöstlichen Ecke des Palastes von Knossós als auch im etwas jüngeren Haus A von Tylissós/Malewísi sind Stieropfer eindeutig nachgewiesen worden.

Über die symbolische Bedeutung des Stieres in der minoischen Religion, seiner Überwindung im Spiel und seiner Opferung im Zusammenhang mit dem Totenkult, lassen sich keine eindeutigen Aussagen machen. Es scheint so, als sei der Stierkult aus Anatolien, wo sich im bereits mehrfach erwähnten Catal Hüyük Kapellen mit Stierköpfen und -hörnern fanden, nach Kreta gelangt. Vielleicht bestehen auch Verbindungen zu dem Himmelsstier des babylonischen Epos. Wenn man auch den Eindruck gewinnt, der minoische Stierkult habe sich auf die Kraft des Stieres bezogen, so erscheinen doch Thesen wie die vom Stier als Verkörperung der Männlichkeit etwas phantastisch. Wir können nur feststellen, daß dem Stier auf Kreta eine große Bedeutung zugekommen ist. Dies wußten noch die Griechen in der Antike, wie sich vielen ihrer Mythen, die Kreta zum Gegenstand haben, entnehmen läßt.

Nach dem Untergang der minoisch-mykenischen Kultur am Ende des 13. Jh. haben sich Vorstellungen des Stierkultes weiter im Mittelmeerraum verbreitet. In Enkomi auf Zypern, wo nach der Zerstörung um 1230 Mykener ansässig waren, wurde ein Heiligtum gefunden, in dem man neben Opfergerät mehrere Stierschädel entdeckte; von besonderer Bedeutung ist dabei eine 55 cm hohe Bronzestatuette eines Gottes (wohl Apollon Kereatas?), der einen Helm mit Stierhörnern trägt. Der Typus der Figur scheint von den Kulturen der syrischen Küste her zu stammen, die Stierhörner jedoch in Verbindung mit den Stierschädeln, die auf Opfer hindeuten, verweisen zurück nach Mykene und Kreta.

Gräber und Totenkult

In neolithischer Zeit und teilweise auch noch später bestatteten die Menschen auf Kreta ihre Toten in Höhlen. Seit der frühminoischen Zeit wurden Rundgräber aus unbehauenen Feldsteinen errichtet. Bauten dieser Art, wobei die Steine – nach innen auskragend – ohne Mörtel zu einem kuppelartigen Raum übereinandergeschichtet sind, gibt es noch heute auf der Nídha-Hochebene. Diese von Hirten bewohnten und bewirtschafteten steinernen Rundhäuser, im Volksmund Mitata genannt, lassen zwar minoische Bautradition erahnen, nicht aber nachweisen. Minoische Rundgräber mit größeren Spannweiten wurden im unteren Bereich massiv errichtet, darüber türmte man wohl eine kuppelförmige Holz-Lehm-Konstruktion. Manche sind fast bis zu einem Jahrtausend in Gebrauch gewesen (bis MM III/SM I). Um die Bestattungen vergangener Generationen unterzubringen, baute man an die eigentlichen Gräber Ossuarien (Beinhäuser) an (vgl. Nekropole Furní von Archánes). Bisweilen wurden auch rechteckige Grabgebäude verwendet, wie es der mehrräumige Komplex von Chryssolákkos bei Mália/Pedhiádha bezeugt. Erst gegen Ende der minoischen Epoche (SM I/SM II) entstanden Anlagen wie das einzigartige Tempelgrab von Knossós. Es besteht außer der eigentlichen Grabkammer noch aus mehreren, nicht axial angelegten Räumen und einer Kapelle im Obergeschoß für die wohl aufwendigen Grabzeremonien, denen die Trauernden von einem Hof aus als Zuschauer beiwohnen konnten.

Ganz anders sind die mykenischen Grabtypen. Nach Art und Konstruktion unterscheiden wir: Tumuli, Schachtgräber, Kammergräber und Kuppelgräber. Vom 16. Jh. an waren auf dem Festland für die Fürstengeschlechter und adligen Familien Schachtgräber in Gebrauch, die in einem Gräberrund zusammengefaßt sind (z.B. Gräberrund A von Mykene mit sechs Schachtgräbern). Einfache Grabstelen (Fig. 36) bezeichneten die Stelle der Bestat-

Fig. 11 Schnabelkanne aus geädertem Kalkstein und Krug aus buntfarbigem Stalaktit, beide von der Insel Móchlos im Golf von Merambéllo/ Ostkreta. Frühminoisch II, um 2400 v. Chr. Archäologisches Museum Iráklion

tung. Später entwickelten die Mykener Tholosgräber, »gewaltige Grabdome, welche die Naturform der Höhle zur strengsten architektonischen Gestalt verdichteten« (G. Gruben). Aus der Zeit zwischen 1500 und 1300 kennen wir allein in Mykene neun Grabanlagen dieser Bauweise. Die Tholosgräber, wie zum Beispiel das berühmte »Schatzhaus des Atreus« (1350–1325; Abb. 124; Fig. 39), sind Kuppelräume mit Kraggewölbe, denen eine separate Grabkammer zur Aufnahme der Einzelbestattung angeschlossen ist.

Die aufwendigen mykenischen Tholosgräber, zu deren Torfassade ein Zugangsweg (Dromos) hinführt, waren vornehmlich für Fürstenbestattungen bestimmt. Einfachere Leute wurden unter Erdhügeln (Tumuli) und in Kammergräbern bestattet, deren aus dem Fels gehauene kleine Grabkammer ebenfalls über einen Dromos erreichbar war. Diese mykenischen Grabtypen sind auch auf Kreta ab SM II nachweisbar (z. B. außerhalb von Arméni/Réthimnon). Kammergräber und Schachtgräber waren bei den Mykenern für Mehrfachbestattungen bestimmt. Bei der Erstbestattung wurde der Verstorbene mit leicht erhöhtem Kopf, abgewinkelten Knien und auf

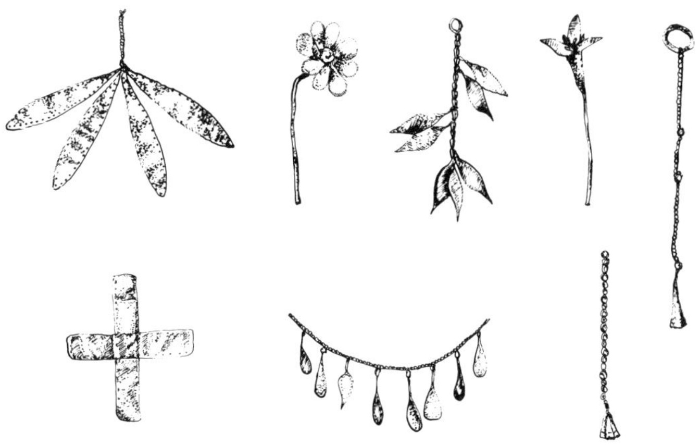

Fig. 12 Goldschmuck aus den Kammergräbern der Insel Móchlos. Frühminoisch II. Archäologisches Museum Iráklion

dem Rücken liegend auf den Boden des Grabes gelegt. Für seine Reise in das Jenseits wurden ihm Nahrungsvorräte, Schmuck und andere Grabbeigaben mitgegeben. Bei den archäologischen Befunden mykenischer Gräber ist auffallend, daß außer einer in situ gefundenen Bestattung mitsamt den Beigaben andere Skelette, wohl die früherer Bestattungen, im Umkreis verstreut gefunden wurden. Diesen Tatbestand haben einige Forscher so zu erklären versucht, daß die Mykener glaubten, die Seele des Verstorbenen könne noch Gutes wie Böses ausrichten, solange der Körper nicht vollständig der Verwesung anheimgefallen sei. Dieser Glaube hätte die Ehrfurcht vor dem Toten vertieft, so daß ihm bei der Bestattung alle Schätze vergönnt wurden. War sein Körper dann zerfallen, so spekulieren die Archäologen, wurde von der Macht der Toten über die Lebenden nichts mehr befürchtet, so daß das Grab wiederverwendet und dabei das Skelett der Erstbestattung mitsamt den Beigaben ent-

Fig. 13 Anhänger in Form zweier Bienen, die an einer granulierten Honigwabe saugen, sogenannte Bienen von Mália (Spannweite 4,7 cm), aus der Nekropole von Mália. Frühminoisch III, um 2000 v. Chr. Archäologisches Museum Iráklion

fernt wurde. Bei Fürsten und anderen bedeutenden Persönlichkeiten ist ein solcher Pietätsverlust nicht zu beobachten; sie erhielten eine echte Einzelbestattung in einem Grab, das kein zweites Mal benutzt wurde und mitsamt den Beigaben unangetastet blieb.

Zu den minoischen Grabbeigaben gehören häufig Siegelringe, auf denen manchmal Kultszenen dargestellt sind (Abb. 102, 103), erlesene Steingefäße (Fig. 11) und Elfenbeinarbeiten (Abb. 84–88), ganz selten Prunkwaffen. Von dem Inselchen Móchlos im Golf von Merambéllo in Ostkreta stammt der kostbare Goldschmuck in Form von Blüten und Blättern (FM II; Fig. 12), der sehr an ähnliche Arbeiten aus den Königsgräbern von Mesopotamien erinnert. Aus einem Grab bei Mália/Pedhiádha wurde der weltberühmte goldene Anhänger mit den beiden an einer Wabe saugenden Hornissen (FM III; Fig. 13) geborgen.

Von ganz anderer Art und durchweg viel kostbarer als im minoischen Bereich sind die Grabbeigaben der Mykener. Vor allem gibt es hier auffallend viele Waffen – einfachere, aber auch solche mit kunstvollen Einlegearbeiten (Abb. 129–131). Die Mykener liebten es, ihre Toten zu schmücken. Dabei waren die kostbaren Goldblechmasken, die das Gesicht bedeckten, ausschließlich den Männern vorbehalten; einfachere Bleche wurden auf anderen Körperteilen gefunden. Aus einem Frauengrab in Mykene stammt das Strahlendiadem aus dünnem Goldblech (Fig. 14).

Manche der Beigaben verweisen nach Kreta, wie z. B. ein Stierkopfrhyton aus Silber und Gold (Fig. 15). Zu den typischen Beigaben mykenischer Gräber gehören auch Goldbecher; unsere Beispiele (Fig. 16, 17) stammen aus dem Tholosgrab von Vaphio in Lakonien und erinnern in Form und Bildthema (Stierjagd und Stierfang mit einer

Fig. 14 Strahlendiadem aus Goldblech (Weite 65 cm), aus der Burg von Mykene, Schachtgrab III. Athen, Nationalmuseum

Fig. 15 Rhyton aus Silber und Gold in Form eines Stierkopfes. Aus der Burg von Mykene, Schachtgrab IV. Athen, Nationalmuseum

Kuh als Köder) an minoische Formensprache. – Die aufwendigere Bauweise mykenischer Gräber und die größere Zahl wertvoller Beigaben sowie Spuren einer versuchten Mumifizierung der Toten haben zu der Vermutung Anlaß gegeben, der mykenische Totenkult sei ägyptisch beeinflußt.

Wichtige Hinweise auf den minoisch/mykenischen Totenkult geben u.a. zwei in einem Rundgrab in Kamilári in der Messará gefundene Tonmodelle. Das erste (Abb. 106) stellt eine Kultszene in einem Miniaturheiligtum dar; vier sitzenden Gestalten – vermutlich den Verstorbenen – wird von zwei Knienden etwas überreicht. Es scheint sich hierbei um eine Totenmahlszene zu handeln. Das zweite Modell (Abb. 107) zeigt vier in einem angedeuteten, mit Stierhörnern versehenen Rundbau tanzende Männer.

Die ausführlichste Darstellung eines Festes zu Ehren eines Toten bietet der bereits bekannte bemalte Sarkophag von Ajía Triádha. Zwar stammt er aus einem mykenischen Kammergrab, aber viele Elemente der Darstellung sind eindeutig minoisch, so daß wir annehmen dürfen, Zeremonien dargestellt zu sehen, wie sie schon in der minoischen Kultur üblich waren. Die Längsseite mit dem Stieropfer zu Ehren des Toten (Abb. 27) haben wir schon im Zusammenhang mit dem Stierkult betrachtet. Auf der anderen Längsseite (Abb. 26) erkennen wir ganz rechts einen Mann in einem langen Gewand vor einem Gebäude, wahrscheinlich den (schon mumifizierten?)

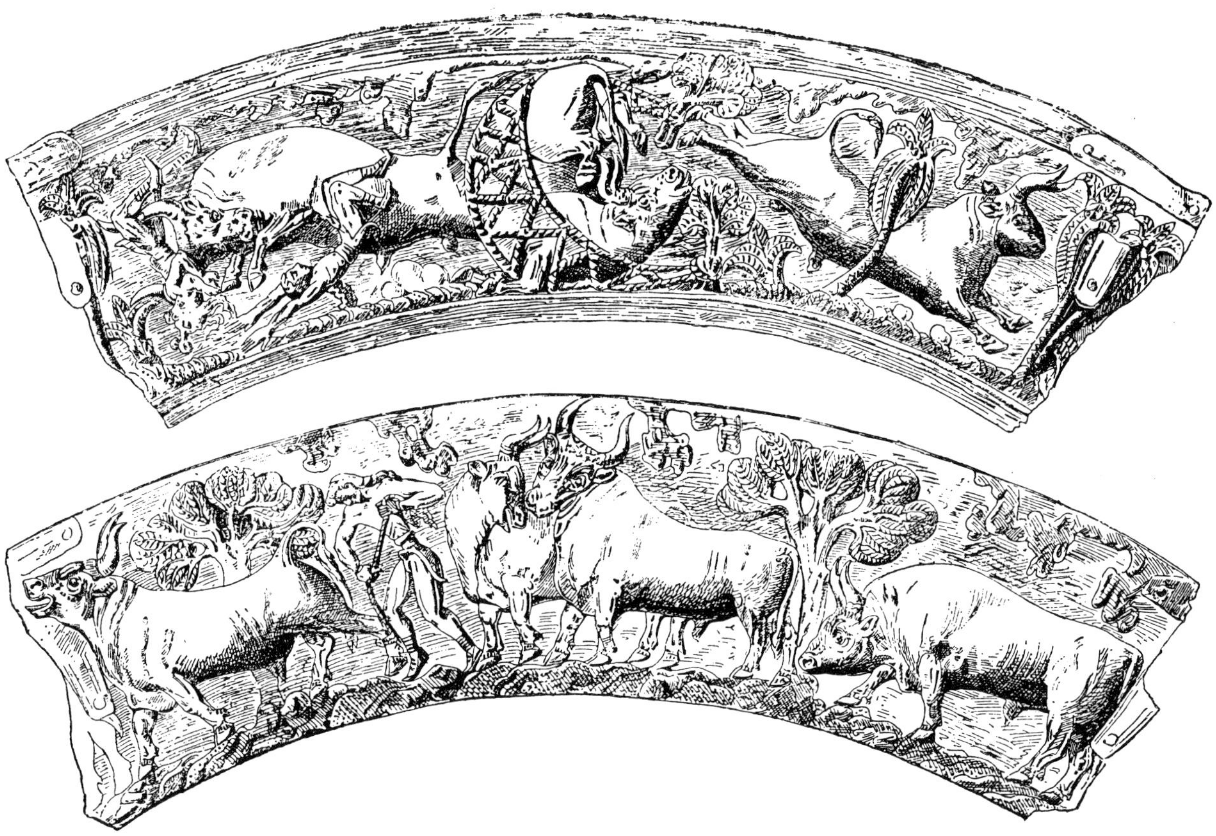

Fig. 16, 17 Schematische Wiedergabe der Darstellungen auf den beiden Goldbechern aus dem Tholosgrab bei Vaphio/ Lakonien. Becher I: Stierfang mit Netz und Fängern; Becher II: Stierfang mittels Kuh als Köder. Um 1500 v. Chr. Athen, Nationalmuseum

Toten vor seinem Grab. Ihm bringen drei Männer zwei Tiere und ein Schiffsmodell für seine Reise ins Jenseits. Ganz links schütten zwei Priesterinnen eine Opferflüssigkeit (das Blut des Stieres?) in einen Krater, der zwischen zwei aufgepflanzten Doppeläxten steht. Auf den Doppeläxten sitzen zwei Vögel, die vielleicht die Anwesenheit einer Gottheit und den bereits inkarnierten Verstorbenen symbolisieren.

Seit dem 11./10. Jh. änderten sich im ägäischen Raum die Bestattungsgebräuche einschneidend. Zwar wurden bis ins 8. Jh. hinein noch hier und da Tholosgräber errichtet, aber generell war nun in den folgenden Jahrhunderten die Verbrennung der Toten üblich, die es in der ägäischen Bronzezeit nicht gegeben hatte. Folglich fanden sich im griechischen Raum in den Gräbern vornehmlich Aschenurnen.

Die Schrift

Bereits seit der Mitte des 4. Jahrtausends gab es in Mesopotamien eine vor-keilschriftliche Bilderschrift der Sumerer. Um 3000 erfanden Sumerer und Akkadier die Keilschrift, die aufgrund ihrer »Schreibtechnik« (Einritzen in Ton oder Einmeißeln in Stein) so benannt wird. Viele verschiedene Sprachen sind in Keilschrift geschrieben worden. Schon wenig später, nach 2900, begann aufgrund sumerischer Anregungen die Entwicklung der elamischen Schrift Persiens, die um die Mitte des 3. vorchristlichen Jahrtausends abgeschlossen gewesen sein dürfte. Die ägyptische Hieroglyphenschrift ist um 2900 entstanden und wurde bis 450 v. Chr. in Ägypten geschrieben.

Im ägäischen Raum gehört die piktographische Schrift Kretas aus der Zeit um 2000 (MM I) mit zu den ältesten Schriftdenkmälern der Antike. Sie scheint trotz Ähnlichkeiten mit ägyptischen, syrischen und hethitischen Schriften eine Eigenschöpfung zu sein. Es handelt sich um eine Hieroglyphenschrift, die vornehmlich auf Siegeln erhalten ist und die bis etwa 1500, neben der minoischen Linear-A-Schrift, Verwendung fand. Bis heute ist sie nicht entziffert. Ein interessantes, singuläres Schriftdenkmal stellt in diesem Zusammenhang der Diskus von Festós dar (Fig. 25), eine Tonscheibe mit spiralenförmig »geschriebenen« Hieroglyphen, die denen der erwähnten kretischen Hieroglyphenschrift völlig unähnlich sind (vgl. Festós).

Ebensowenig entziffert ist die auf die Hieroglyphenschrift Kretas folgende Schrift Linear-A, die ab 1700 entwickelt wurde und bis 1450 in Gebrauch war. Wahr-

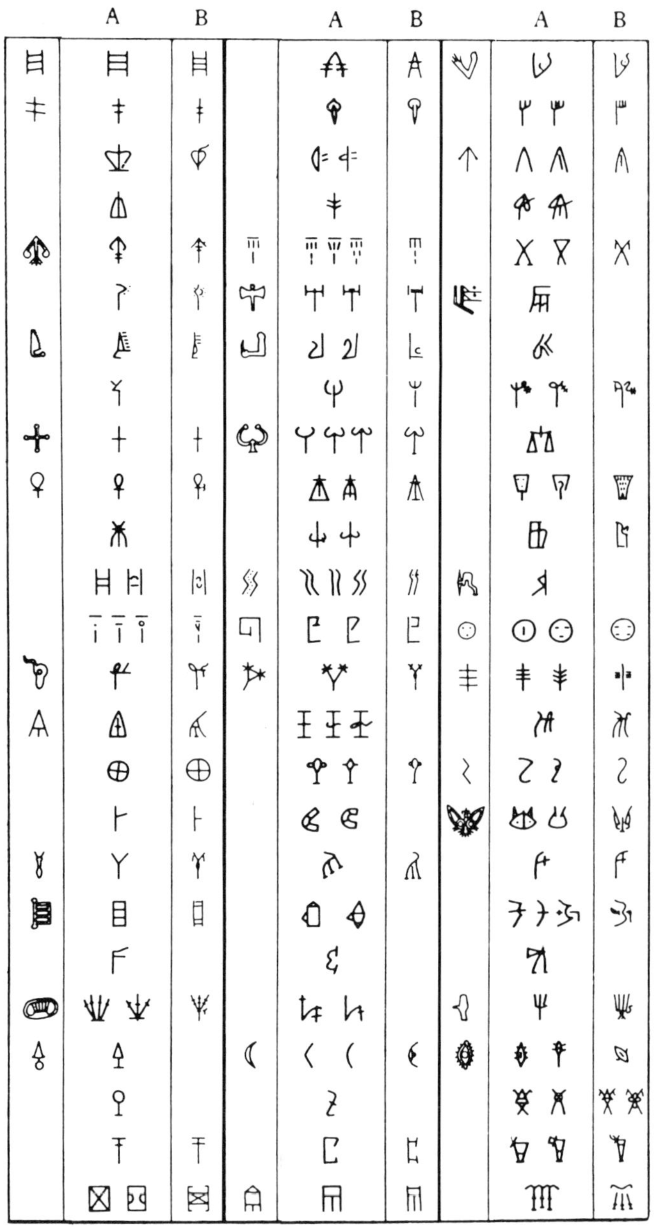

Fig. 18 Gegenüberstellung von Schriftzeichen der piktographischen Schrift Kretas mit Linear-A und Linear-B (nach Chadwick u. Ventris)

scheinlich handelt es sich hierbei um eine Silbenschrift. Überliefert ist die minoische Linear-A auf knapp 200 Tontäfelchen, einigen Siegelabdrücken und auf ein paar Kultgegenständen. Auf den Innenflächen zweier handgroßer Schalen aus Knossós ist die Linear-A-Schrift sogar mit Tinte geschrieben. Diese beiden wichtigen Schriftdenkmäler legen die Vermutung nahe, daß auch auf anderen Materialien wie Papyrus oder gegerbtem Leder mit Tinte geschrieben worden ist. Da diese vergänglichen Materialien die Zeit nicht überdauert haben, sind uns die möglicherweise aufschlußreichsten Zeugnisse der minoischen Schrift für immer verloren. Auch das Tintenschrifttum der Linear-B-Schrift, die große Ähnlichkeit zur Linear-A aufweist, dürfte für immer verloren sein.
Schon Evans hatte bei den kretischen Schriftfunden zwei verschiedene Schrifttypen erkannt, die er Linear-A und Linear-B nannte. Er betrachtete jedoch das Fundmaterial als sein persönliches Eigentum und blockierte so die Entzifferungsversuche um ein halbes Jahrhundert, da der gesamte Bestand der knossischen Linear-B-Täfelchen erst lange nach seinem Tode (1941) veröffentlicht wurde. Diese Linear-B ist auf Kreta auffallenderweise ausschließlich in Knossós gefunden worden (rund 2800 konnten geborgen werden), und zwar aus der allerletzten Phase der spätminoischen Zeit (um 1400), als alle anderen kretischen Paläste bis vielleicht auf Archánes bereits zerstört waren. Der Brand, der den Palast von Knossós dann endgültig in Schutt und Asche legte, konservierte diese Tontäfelchen, die ungebrannt längst zu Staub zerfallen wären.
Ganz neue Perspektiven eröffnete dann 1939 der sensationelle Fund von Linear-B-Schrifttäfelchen in der Grabung von Carl Blegen im mykenischen Palast von Pylos/Messenien. Später wurden auch in Mykene und vereinzelt in Tiryns Linear-B-Täfelchen gefunden. Insgesamt sind heute rund 1300 aus dem mykenisch-festländischen Kulturkreis bekannt, davon 1200 allein aus Pylos. Alle diese Schriftdokumente stammen auch hier aus der letzten Phase dieser Herrensitze (um 1200). Linear-B war also höchstwahrscheinlich die Schrift der Mykener! Dies würde auch erklären, warum es Linear-B-Schriftzeugnisse auf Kreta in minoischer Zeit nicht gibt, lediglich aus der letzten Phase in Knossós, wo ja auch andere Anzeichen für die Anwesenheit der Mykener nach der allgemeinen Zerstörung auf Kreta um 1450 sprechen.
Ab 1952 veröffentlichten Michael Ventris und John Chadwick eine Reihe von Linear-B-Entzifferungsvorschlägen, die auf der Voraussetzung beruhen, die Sprache von Linear-B sei Griechisch. Demnach hätten die Mykener, deren Vorfahren ja irgendwann Anfang des 2. Jahrtausends in Griechenland auftauchten, bereits Griechisch gesprochen, und sie hätten das von den Minoern entwickelte Zeichensystem der Linear-A-Schrift mit geringen Abwandlungen übernommen, um damit ihre Sprache zu schreiben. Ventris und Chadwick vermuteten, das minoische Zeichensystem sei nicht recht tauglich gewesen, Griechisch damit zu schreiben, und so sei es nicht verwunderlich, daß ihre Übersetzungen sich vielen Unstimmigkeiten und Mehrdeutigkeiten gegenübersähen.
Schon andere Forscher hatten in den Silbenzeichen, Ideogrammen und Zahlenzeichen der Linear-B-Täfelchen (Fig. 18) ein Listensystem erkannt. Nach Ventris und Chadwick sehen wir in ihnen die buchhalterische Registrierung von Waren und Gütern in den Palästen von Knossós und Pylos (rudimentär auch von Mykene) vor uns. Die damalige Palastverwaltung hätte somit gewisse Belange der Wirtschaft und gesellschaftlichen Organisation wie Einnahmen und Ausgaben auf diesen Tontäfelchen verzeichnet. Die Schriftzeichen wurden von den

Mykenern in den noch feuchten Ton »geschrieben«, die Täfelchen aber nicht gebrannt, vielmehr war es die Feuerkatastrophe, die den Ton dann brannte und konservierte, so daß die Archäologen demnach die »Palastbuchhaltung« zum Zeitpunkt des Untergangs von Knossós und Pylos geborgen hätten. Zu dieser Auffassung haben jedoch andere Fachleute die berechtigte Frage gestellt, wieso man gerade Tontäfelchen für solche Zwecke benutzte und nicht anderes Material, und vor allem, wieso man ein Schriftsystem, das zum Schreiben in Ton sehr ungeeignet ist, ohne erkennbare Weiterentwicklung so lange in Verwendung behielt (zwischen den Funden von Knossós und denen von Pylos besteht ein Zeitunterschied von rund 200 Jahren!). Dennoch ist einiges in den Interpretationen von Ventris und Chadwick durchaus sinnvoll. Von einer zweifelsfreien Lesbarkeit im Sinne einer wirklichen Übersetzung ist die Forschung aber noch weit entfernt. Solange man für eine Zeichengruppe bis zu 21 verschiedene Lesungen zur Auswahl bietet, hütet Linear-B noch sein Geheimnis. Zu vieldeutig und zu unsicher sind noch die Übersetzungsvorschläge, zu vage die Versuche, aus den spärlichen Angaben, die wir zu verstehen glauben, auf die soziale Wirklichkeit der Mykener zu schließen. Es liegt eine Art circulus vitiosus vor: Solange wir nichts Sicheres wissen über die Funktion der Paläste, so lange wissen wir auch nicht genau, was die Täfelchen eigentlich verzeichnen. Wir bleiben weiterhin auf Vermutungen angewiesen, auch wenn wir, dank der Arbeit der beiden Forscher, einigen ein größeres Maß an Wahrscheinlichkeit zubilligen können.

Kretischer Mythos

Die griechischen Mythen besitzen auch für unsere moderne Welt einen geradezu unwiderstehlichen Zauber; in ihnen sind die Götter und Heroen der Griechen unsterblich geblieben. Überall in der griechischen Kunst begegnen wir Darstellungen mythologischen Inhalts, und folgerichtig gehört auch die griechische Mythologie zur beliebtesten Lektüre von Bildungsreisenden, die das griechische Festland, die ägäischen Inseln oder überhaupt Landschaftsräume des Mittelmeeres, die je unter griechischem Einfluß gestanden haben, kennenlernen wollen. Im griechischen Sprachgebrauch sind »Mythen« ganz einfach »Worte«, vornehmlich Erzählungen und Schöpfungen der menschlichen Phantasie, die sehr verschiedenartige Gegenstände behandeln können.

Im Mythos findet eine Konzentration aufs Wesentliche des Vergangenen statt, eine Typisierung, vielleicht sogar, wie C. G. Jung und K. Kerenyi annehmen, Idealisierung im Sinne einer Rückführung menschlichen und göttlichen Handelns auf tiefenpsychologische Urbilder. Also bezieht sich Mythos zwar auf Vergangenes, aber nicht um zu beschreiben, was wirklich war, sondern um der Gegenwart Sinn zu geben, ewige Wahrheiten und menschliches Schicksal überhaupt auszudrücken.

In den Mythen wird berichtet: von dem Ursprung und der Verteilung der Welt; von der Schöpfung und dem Wesen des Menschen; von der Entstehung und Eigenart der Naturerscheinungen und dem rhythmischen Wechsel der Jahreszeiten; von dem Licht und der Finsternis, dem Guten und Bösen; von der Urgeschichte der Welt, der Menschheit und deren letzter Bestimmung; von anderen »Welten«, wie denen der Götter und der Toten; von den persönlichen Beziehungen zwischen Göttern und Menschen, insbesondere den Heroen; – letztlich damit aber auch von der »Geschichte« der Griechen und ihrer antiken Welt.

Die ältesten schriftlichen Überlieferungen der Antike stammen von Homer und Hesiod aus dem 8. Jh. v. Chr., sie berichten über Zeiten, die damals bereits 500 Jahre und mehr in der Vergangenheit lagen. Hesiod erzählt z. B. in belehrender Absicht von den fünf Weltaltern, die es, rückblickend aus seiner Zeit, bisher gegeben habe, wobei er sein gegenwärtiges, das eiserne Zeitalter, als entartet und bösartig kennzeichnet. Die vorhergehenden Epochen des vierten und dritten Weltalters, beides bronzene Zeitalter, seien demgegenüber die einer edlen Menschenrasse gewesen, deren Heroen beim Zug der Sieben gegen Theben, auf der Argonautenfahrt und im Trojanischen Krieg gefallen seien. Hesiods zweites Weltalter verdient ganz besondere Erwähnung: Die in ihm lebende silberne Rasse sei nämlich dadurch gekennzeichnet gewesen, daß die Mütter über die Männer geherrscht hätten. Zeus habe dies Geschlecht vernichtet, da die silberne Rasse nicht den Göttern geopfert hätte. Hierin mag sich die Erinnerung an ein minoisches Matriarchat auf Kreta ausdrücken und an seinen Untergang, wobei die Vernichtung der silbernen Rasse durch Zeus als Sieg der Griechen und ihrer Götter über die andersgläubigen Minoer gedeutet werden könnte.

Doch lassen wir die Quellen sprechen, hören wir, was vorwiegend durch Apollodoros (2. Jh. v. Chr.), Diodorus Siculus (Mitte 1. Jh. v. Chr.) und Ovid (43 v. Chr. bis 17/18 n. Chr.) überliefert ist:

Zeus selbst, der oberste der Götter, hat dem Mythos zufolge in Gestalt eines Adlers (Fig. 20) Minos und seine Brüder Rhadamanthys und Sarpedon in Gortís auf Kreta gezeugt, und zwar mit der von ihm in Gestalt eines Stieres (Fig. 19) aus Phönizien entführten Prinzessin Europa. Nachdem Minos seine Brüder von Kreta vertrieben hatte, erflehte er ein Zeichen von Poseidon, mit dem der Gott seine Alleinherrschaft legitimiere. Poseidon erhörte Minos und sandte ihm einen unvergleichlich schönen Stier, den dieser zu opfern versprach. Minos war jedoch von der Schönheit des göttlichen Tieres so geblendet, daß er an seiner Stelle einen Stier aus seiner Herde opferte. Der betrogene Gott wählte Pasiphaë, die Gattin des Minos, zum Mittel seiner Rache. Er ließ sie in widernatürlicher Liebe zu dem göttlichen Stier entbrennen. Verborgen im hohlen Leib einer hölzernen Kuh, die der geniale

Fig. 19 Stater aus Gortýs, Vorderseite: Europa auf dem Stier reitend. Um 450/425–360 v. Chr.
Fig. 20 Stater aus Gortýs, Vorderseite: Europa im Baum mit Zeus in Adlergestalt. Um 300–280/270 v. Chr.

Erfinder Dädalus für sie konstruiert hatte, gelang es Pasiphaë, ihre Leidenschaft zu befriedigen. Die Königin, die dem Minos bereits viele Kinder geschenkt hatte, gebar nun ein Mischwesen mit dem Körper eines Menschen und dem Haupt eines Stieres: den menschenfressenden Minotauros (Fig. 21). Um das Ungeheuer gefangenzuhalten, ließ Minos von Dädalos das Labyrinth bauen, in dessen verworrenen Gängen sich niemand zurechtzufinden vermochte (Fig. 21). In diesem Labyrinth sperrte Minos auch den Architekten Dädalos und dessen Sohn

Fig. 21 Stater aus Knossós: Vorderseite Minotauros, Rückseite Labyrinth. 425–360 v. Chr.

Ikaros ein. Pasiphaë jedoch verhalf den beiden aus dem Kerker, so daß Vater und Sohn von Kreta fliehen konnten. Zu diesem Zweck konstruierte Dädalos aus großen Flügeln zwei Fluggeräte, mit denen beide den »ersten Flug der Menschheit« wagten. Bei diesem Flug kam Ikaros zu Tode, weil er sich der Sonne zu sehr näherte; das Wachs, welches die Federn der Flügel zusammengehalten hatte, schmolz, und Ikaros stürzte ins Meer. Dädalos bestattete seinen Sohn auf einer Insel, die nach ihm noch heute Ikaria heißt, und flog weiter, bis er auf Sizilien bei König Kokalos Aufnahme fand. Minos, der ihn mit seiner Flotte verfolgt hatte, fand auf Sizilien den Tod: Er wurde von den Töchtern des Kokalos im Bad umgebracht. Die Begleiter des Minos betrauerten ihren König und bestatteten ihn auf Sizilien, ließen sich später dort nieder und gründeten die Stadt Heraklea Minoa. Minos aber wurde zusammen mit seinem Bruder Rhadamanthys als Richter in der Unterwelt verehrt.

Über die Herrschaft des Minos auf Kreta erfahren wir von Homer, daß er sie von Knossós ausübte und daß er alle neun Jahre von seinem Vater Zeus selbst Gesetze und Ratschläge empfing. Seine Gerechtigkeit wird allgemein gerühmt, jedoch hören wir auch von Liebesabenteuern und Verfolgung der kretischen Jagdgöttin Britomartis, einer Tochter des Zeus, die sich der Nachstellung nur durch einen Sprung ins Meer entziehen konnte. Ihr Heiligtum befindet sich auf der Halbinsel Rodhopú in Westkreta; auf Aegina, dem Ziel ihrer Flucht, wird sie als Aphaia verehrt.

Minos wird als Beherrscher der Meere bezeichnet. Unter dieser Vorherrschaft hatten besonders die Athener zu leiden. Sie mußten Kreta alle neun Jahre einen Tribut entrichten in Form von je sieben jungen Männern und Mädchen, die dem Minotauros zum Fraß vorgeworfen wurden. Aus dieser entsetzlichen Abhängigkeit befreite Theseus die Athener. Er fuhr als einer der Unglücklichen mit nach Kreta, wo es ihm mit Hilfe der Ariadne, einer Tochter des Minos, die sich in ihn verliebt hatte, gelang, nach Tötung des Minotauros aus dem Labyrinth wieder herauszufinden. Er floh mit Ariadne und ihrer Schwester Phädra von Kreta, mußte Ariadne jedoch auf Geheiß der Götter, die sie für Dionysos bestimmt hatten, auf Naxos (Dhia) zurücklassen. Später wurde Phädra die Gemahlin des Theseus.

Es ist bisher nicht gelungen, die mythische Gestalt des Minos historisch zu fassen. Man kann wohl davon ausgehen, daß Minos ein minoischer Herrschertitel etwa wie Pharao gewesen ist. Einige Aussagen des Mythos lassen sich durchaus mit archäologischen Befunden in Einklang bringen. So fällt vor allem auf, daß sich bei den Griechen der Antike eine vielfältige Erinnerung an die Bedeutung des Stieres in der minoischen Kultur erhalten hat, die ja archäologisch erwiesen ist.

Zur Bedeutung des Wortes »Labyrinth« kann man weit mehr aussagen. Das Wort selbst ist vorgriechisch und wird von dem Wort »Labrys« (= Doppelaxt) hergeleitet; »Labyrinthos« bedeutet somit soviel wie »Haus der Doppelaxt«. Die Doppelaxt scheint das andere für die minoische Kultur bezeichnende sakrale Zeichen gewesen zu sein. Die heutige (und schon griechisch-antike) Bedeutung des Wortes Labyrinth kann wie folgt erklärt werden: Griechische Besucher vom damals kulturell noch weit zurückstehenden Festland erlebten und beschrieben den in seiner unübersichtlichen Vielfalt verwirrend anmutenden, von den Minoern »Labyrinthos« genannten Palast in Knossós als einen Bau, in dem sich niemand zurechtfinden könne. Diese Erfahrung, die auch manch heutigem Touristen nicht erspart bleibt, ist

möglicherweise die Erklärung für die spätere griechische Bedeutung des Wortes. Der geniale Baumeister Dädalos, Schöpfer des Labyrinthos, wird so zur mythischen Personifikation der überlegenen Bautechnik der Minoer.
Deuten wir den Minotauros als Inkarnation der Ängste der Athener vor dem überlegenen Kreta, als Hinweis vielleicht auf eine politische Abhängigkeit des Festlandes, dann wird der Theseus-Mythos zum Ausdruck der Befreiung. Die Funde lehren uns, daß zumindest in kultureller Hinsicht diese Abhängigkeit jahrhundertelang bestanden hat und daß die griechischen Mykener, in deren Zeit auch die Anfänge Athens zurückreichen, schließlich tatsächlich die Vorherrschaft über Kreta erlangten.
Von besonderem Interesse aber ist die Erzählung von Minos' Tod auf Sizilien und der Ansiedlung seiner Gefolgsleute auf der Insel. Auf Sizilien gibt es an vielen Stellen archäologische Hinweise auf ein plötzliches Auftauchen von Einflüssen aus dem Bereich der minoisch-mykenischen Ägäiskultur, darunter typische Keramik, Linear-B-Schrifttäfelchen und sogar Hausgrundrisse eindeutig nichtsizilianischer, ägäischer Herkunft. Sollte der Mythos vom Tod des Minos einen Hinweis auf den Untergang der minoischen Kultur und die Flucht ihrer Träger in die Fremde beinhalten? Erinnern antike sizilische Ortsnamen wie »Heraklea Minoa« an Gründungen minoischer Flüchtlinge? – Noch ein Umstand verdient Beachtung: Diodorus Siculus beschreibt recht genau das Grab des Minos auf Sizilien. Ein solches ist dort nicht gefunden worden, jedoch paßt die Beschreibung einigermaßen auf das sogenannte Tempelgrab von Knossós, einen auf Kreta singulären Bau, wohl das Grab eines Herrschers. Zusammenhänge sind allerdings nicht rekonstruierbar.

Kreta in griechischer und römischer Zeit: Karfí, Rizinía, Gortís

Als die Archäologen in der zweiten Hälfte des 19. Jh. auf Kreta begannen, die Kulturgeschichte der Insel nach der Bronzezeit, also die griechische und römische Epoche zu erforschen, kannte man von der minoischen Kultur noch nichts, glaubte nicht einmal an deren Existenz und hielt die mythischen Überlieferungen für reine Produkte der Phantasie, ohne jeden Wahrheitsgehalt. Seit der strahlenden »Auferstehung« der minoischen Kultur durch die archäologischen Kampagnen, die Arthur Evans ab 1900 in Knossós durchführte, ist die antike Epoche auf Kreta jedoch trotz einzelner erstaunlicher Funde, die in unserem Jahrhundert hinzukamen, von der archäologischen Forschung weitgehend vernachlässigt worden.
Minoische Traditionen haben sich, wenn auch nur in ganz geringem Maße, noch in kretischen Erzeugnissen nach 1200 und bis hinein ins 9. Jh. nachweisen lassen, während sich technische Errungenschaften aus dem mykenischen Kulturkreis bis in die römische Periode erhalten haben. Die Mykener hatten bereits im 16. Jh. ein Verfahren für die Polychromie der Keramik entwickelt, den sogenannten Glanzton, den selbst die minoischen Keramiker nicht kannten. Das Verfahren war einfach: Tonmaterial mit kolloiden Bestandteilen wurde so lange geschlämmt, bis nur noch feinste kolloide Rückstände übrigblieben, mit denen man dann entweder das gesamte Gefäß überzog oder mit geometrischen und/oder figuralen Motiven bemalte. Beim Brennen erhielt diese Bemalung dann ihren typischen Glanzton von schwarz bis braunrot.
Neben Siedlungen der Dorer, die zwischen 1100 und 1000 auf die Insel einwanderten, bestanden noch einige Siedlungen der Minoer fort, vor allem im Osten der Insel; ihre Bewohner wurden noch in der Antike als Eteokreter (»echte Kreter«) bezeichnet. Eine solche minoische Siedlung liegt auf dem Gipfel des Karfí (»Nagel«), einem schwer zugänglichen Berg von 1200 m Höhe am Nordrand der Lassíthi-Ebene/Pedhiádha. Sie ist zwischen 1937 und 1939 von dem Engländer John Pendlebury ausgegraben worden. Unter den Funden aus einfachen Häusern, die vergröberte minoische Züge zeigen, sind tönerne weibliche Gottheiten mit erhobenen Händen und bestimmten Attributen als Kopfschmuck, z.B. dem minoischen Stierhorn (Fig. 22). Ähnliche Idole aus Gázi/Témenos, westlich von Iráklion, tragen Mohnkapseln auf dem Kopf. Vom Karfí stammt auch ein Tonrhyton in Form eines Wagens, an dessen Vorderfront drei Stierköpfe angebracht sind, wobei wir nicht wissen, ob damit Zugtiere angedeutet sein sollen, oder ob hier alte Kultzeichen der Minoer gemeint sind (Abb. 73). Ende des 10. bis Mitte des 9. Jh. hat sich überall auf Kreta die geometrische Verzierung von Vasen mit der mykenischen Glanztontechnik durchgesetzt. Diese Dekoration hat der ganzen Epoche ihren Namen gegeben. Die geometrische Kunst ist wesentlich starrer und abstrakter als die minoische und zeigt damit deutlich den neuen Geist, der in ganz Griechenland verbreitet war. In der folgenden orientalisierenden Periode (8. und 7. Jh.) kam es auf Kreta nochmals zu einer Blüte. Der diese Zeit kennzeichnende Einfluß aus dem Orient, vor allem aus Ägypten, erreichte aufgrund ihrer geographischen Lage die Insel zuerst und führte vor allem in der Skulptur zur Ausprägung eines einzigartigen, dädalisch genannten Stils, dem die Herkunft aus der starren Monumentalität ägyptischer Plastik anzusehen ist. Ein auch noch minoisch beeinflußtes Bronzeblech des dädalischen Stils aus dem 7. Jh. aus dem Heiligtum von Káto Sými/Wiánnos

Fig. 22 Weibliches Idol aus Karfí/Díktigebirge. Subminoisch, um 1100/1000 v. Chr. Archäologisches Museum Iráklion

(Fig. 23), das wohl vom 3. Jahrtausend bis in die mittelminoische Zeit als Kultstätte verehrt wurde, zeigt zwei Jäger mit einer erlegten kretischen Wildziege (Agrimi). Der Mann mit spitzem Bart rechts und sein jugendlicher Begleiter mit dem aufgeschulterten erlegten Wild erinnern an eine kretische Sitte der dorischen Zeit; es ist überliefert, daß Jugendliche mit reifen Männern zwei Monate lang durch die kretische Bergwelt zogen, um das Jagen und das kriegerische Handwerk zu erlernen. Viele Kunsterzeugnisse dieser Zeit nehmen also Bezug auf alte minoisch-mykenische Mythen (Abb. 3 und 5) und Überlieferungen; viele minoische Kultstätten, wie die von Káto Sými, leben im Sinne neuer religiöser Vorstellungen fort.

Die Baukunst dieser Zeit ist deutlich unterschieden von der minoischen. Auf Kreta wie auf dem Festland tauchen nun Frühformen des griechischen Tempels auf. Von besonderem Interesse sind in diesem Zusammenhang die beiden Tempel von Rizinía (Abb. 89) auf einem Tafelberg, nahe dem heutigen Dorf Priniás/Malewísi, westlich der seit minoischer Zeit benutzten Überlandstraße von der Nordküste (Knossós) zur Südküste (Festós). Durch die Ausgrabungen des Italieners Luigi Pernier von 1906 bis 1908 läßt sich die Geschichte von Priniás bis Spätminoisch IIIc (1200) zurückverfolgen. – Der ältere, besser erhaltene Tempel aus der Mitte des 7. Jh. ist ein rechteckiger Bau von 8 × 15 m mit Cella (Hauptraum) und Pronaos (Vorhalle). Überraschenderweise war diese Vorhalle von einer Mittelsäule in der Symmetrie- und Durchblickachse gestützt, wie es typisch für minoische Architektur, aber völlig atypisch für die griechische Tempelarchitektur ist. In diesem Element des im ganzen griechischen Tempels scheint sich noch eine Erinnerung an minoische Bautraditionen auszudrücken. – Einige schöne steinerne Reliefs, die den Tempel schmückten, zeigen den steif-monumentalen Stil der orientalisierenden Epoche (Fig. 24).

Eine der wichtigsten Städte der in viele Stadtstaaten zersplitterten Insel Kreta war in der Antike Gortyn (Gortís) in der Messará-Ebene. Hier hatten die Italiener F. Halbherr und L. Pernier unter Mitarbeit des Deutschen E. Fabricius zu graben begonnen, bevor sie sich dem minoischen Festós zuwandten. Noch heute liegen die meisten Zeugnisse von Gortís unbeachtet in der Erde, und

Fig. 23 Ausgeschnittenes Blech der Gattung von Káto Sými: Jüngling mit erlegter Wildziege und bärtiger Jäger (Höhe 18 cm). Bronze, bald nach 650. Paris, Louvre

Fig. 24 Schmuck des Portals eines Tempels in Prínias/Riziniá: Sitzende Frauen, schreitende Panther und, in den beiden Soffitten, stehende Frauen. 3. Viertel 7. Jh. v. Chr. Archäologisches Museum Iráklion

das riesige Areal der Stadt, die im römischen Reich die Verwaltungshauptstadt der Provinz Creta et Cyrenae, also für Kreta und die nordafrikanische Küste wurde, ist nur zum geringsten Teil freigelegt. Die Anfänge von Gortís sind mythisch überliefert: Hier soll Zeus unter einer Platane mit Europa das minoische Herrschergeschlecht – Minos, Rhadamanthys und Sarpedon – gezeugt haben (Fig. 20). Fremdenführer verweisen noch heute auf den »historischen« Ort und die mythische Platane.

Eine minoische Villa des 16. Jh., die in geringer Entfernung von der antiken Stadt entdeckt wurde, belegt eine minoische Besiedlung von Gortís. An Überlieferungen von der Gerechtigkeit der minoischen Könige und Bewohner Kretas (Rhadamanthys und sein Bruder Minos waren Totenrichter in der Unterwelt!) erinnern die Berichte von Platon über das gortische Recht und die Gesetzestafeln von Gortís, die vermutlich aus dem 6. oder 5. Jh. v. Chr. stammen und damit als eine der ältesten schriftlichen Rechtsaufzeichnungen Griechenlands gelten dürfen. Die meisten Bauten der Stadt entstanden in der hellenistischen Zeit, wie etwa der Apollon-Pythios-Tempel (Abb. 28, 29), und aus der römischen Epoche: Isis- und Osiris-Heiligtum (Abb. 30–32); Prätorium (Abb. 33); Nymphaion (Abb. 34). Ferner bleibt noch zu erwähnen, daß Gortís und die Messará auch für das frühe Christentum auf Kreta die zentrale Rolle spielten. Titus, ehemaliger Begleiter des Apostels Paulus, wurde hier zum ersten Bischof der Insel eingesetzt. Eine Vielzahl von Fundamenten und Gebäuderesten frühchristlicher Bauten (Basiliken und konchenartige Taufkirchen) belegen die Bedeutung des christlichen Gortís.

Festós in der Messará-Ebene

Die Messará-Ebene (Abb. 1, 2 und 4) im südlichen Mittelteil Kretas in den Bezirken Pirjiótissa, Kainúrjio und Monofátsi, in Ost-West-Richtung über 40 km lang und rund 15 km breit, ist die größte und fruchtbarste, aber auch heißeste Ebene der Insel. Begrenzt wird sie im Nordwesten vom Idamassiv, im Süden von der Kette der Asterúsia-Berge und im Westen von der Küste des Libyschen Meeres. Der hier verlaufende Fluß Jeropótamos führt das ganze Jahr hindurch Wasser.

Die Messará-Ebene bot für die Herausbildung einer frühen städtischen Zivilisation auf Kreta ähnlich günstige Bedingungen wie andernorts – etwa in Mesopotamien und Ägypten – große Flußebenen. Hier finden wir die ältesten Spuren menschlicher Seßhaftigkeit auf der Insel.

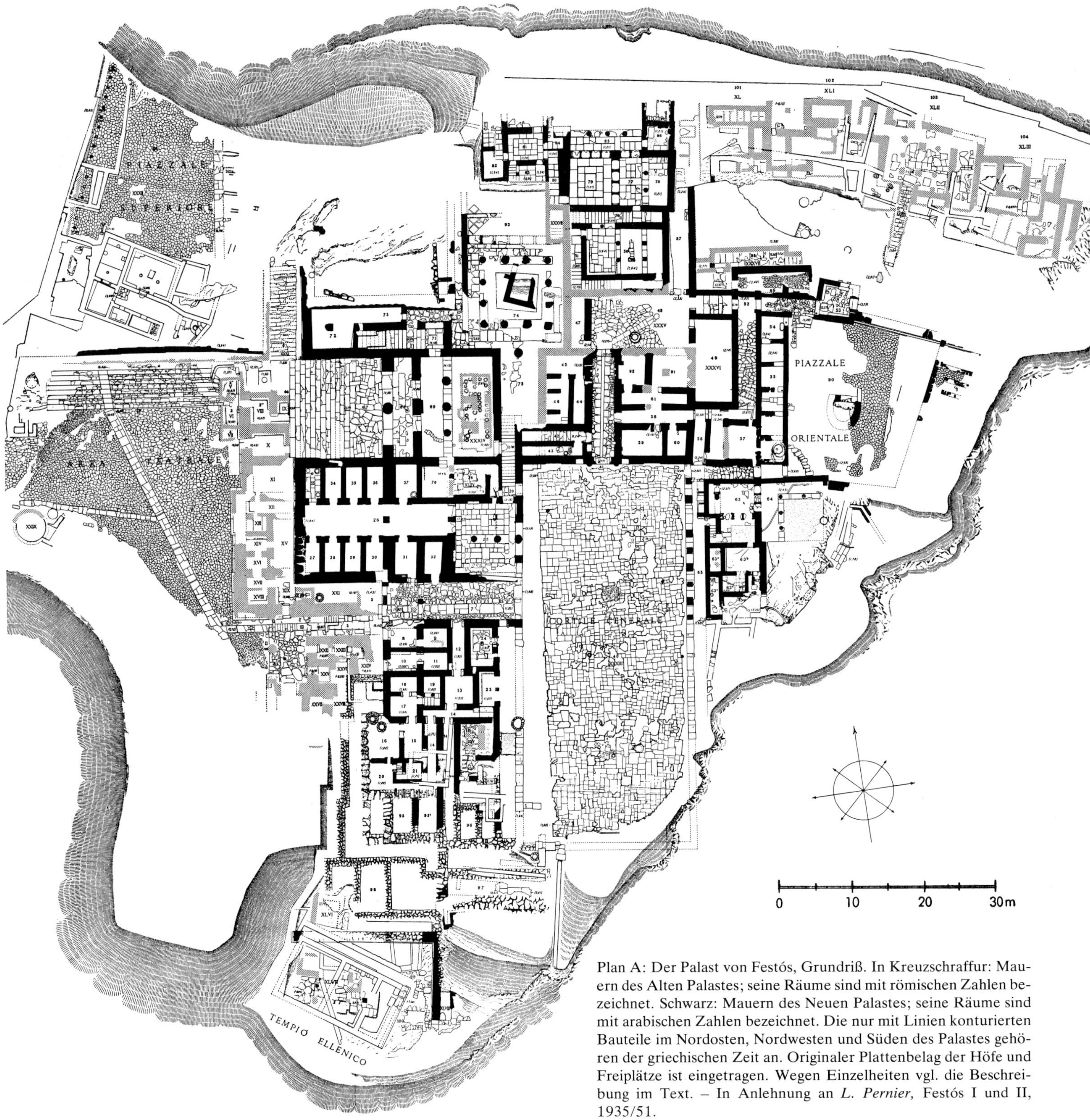

Plan A: Der Palast von Festós, Grundriß. In Kreuzschraffur: Mauern des Alten Palastes; seine Räume sind mit römischen Zahlen bezeichnet. Schwarz: Mauern des Neuen Palastes; seine Räume sind mit arabischen Zahlen bezeichnet. Die nur mit Linien konturierten Bauteile im Nordosten, Nordwesten und Süden des Palastes gehören der griechischen Zeit an. Originaler Plattenbelag der Höfe und Freiplätze ist eingetragen. Wegen Einzelheiten vgl. die Beschreibung im Text. – In Anlehnung an *L. Pernier,* Festós I und II, 1935/51.

Bemerkenswerteste Zeugnisse für die Frühzeit der minoischen Kultur in der Messará sind die Rundgräber von Plátanos/Kainúrjio, Kamilári/Pirjiótissa und Ajía Triádha/Pirjiótissa. Auch eine der ältesten und ehrwürdigsten Kultgrotten Kretas, die Kamáreshöhle, in ca. 1600 m Höhe oberhalb des Dorfes Kamáres/Kainúrjio am Südhang des zum Idamassiv gehörenden Máwri (1981 m) in Pirjiótissa gelegen, steht in enger Beziehung zu der Ebene. Die in dieser Höhle zuerst gefundene sehr schöne Keramik mit hellfarbiger, ornamentaler Bemalung auf schwarzem Grund gab der ganzen keramischen Gattung von Mittelminoisch I und II den Namen »Kamáresstil« (Abb. 20, 21). – Die frühzeitige Besiedlung der Ebene spiegelt sich auch im Mythos: Hier, in Mátala/Pirjiótissa, ist Zeus mit Europa an Land gestiegen, in Gortís/Kainúrjio hat er mit ihr Minos, Rhadamanthys und Sarpedon gezeugt.

Auf einem Hügel 100 m über dem Meeresspiegel im westlichen Teil der Messará liegt auf einer freigelegten Fläche von 8500 qm der minoische Palast von Festós/Pirjiótissa (Abb. 17), ein bedeutendes bronzezeitliches Kult- und Verwaltungszentrum inmitten einer ausgedehnten Stadt, von der einzelne Reste an den Hügelhängen entdeckt wurden. Der erhöhte Platz mit seinem herrlichen Blick in die Landschaft der Ebene und auf die umgebenden Berge mag von den bronzezeitlichen Siedlern gewählt worden sein zum einen, um ihre Stadt von den frühjährlichen Überschwemmungen des Flusses und von der Hitze und dem ungesunden Sumpfklima des Sommers in der Ebene entfernt zu halten, zum anderen aber auch, um keinen landwirtschaftlich nutzbaren Boden zu verschenken.

Die Ausgrabungen in Festós wurden seit 1900 durch Italiener, die vorher in Gortís tätig gewesen waren, zunächst unter der Leitung von Federico Halbherr, später unter Luigi Pernier und Doro Levi durchgeführt. Sie konnten eine Siedlungskontinuität von mehr als 2000 Jahren nachweisen, von ersten Fundamenten des 3. Jahrtausends (z. B. Fundamente unter der Südecke des seit 2000 darüber angeschütteten Westhofs der Palastanlage) über zwei Baustufen des Palastes (2000–1700; 1700–1450) und die dorische Zeit bis in die hellenistische Epoche. Erst in der 2. Hälfte des 3. Jh. v. Chr. scheint der Platz, wohl wegen der wachsenden Bedeutung des nahegelegenen Gortís, verlassen worden zu sein. Die wichtigsten Epochen waren für Festós ohne Zweifel die der Alten (MM I und II) und Neuen (MM III, SM I) Palastzeit. Für den heutigen Besucher ist die Anlage des minoischen Palastes unter anderem deshalb von besonderem Interesse, weil die erste Baustufe, der Alte Palast, wegen der geringeren Ausmaße des auf seinen Trümmern errichteten Neuen Palastes an vielen Stellen unüberbaut und somit klarer erkennbar blieb als sonst irgendwo auf Kreta. In Festós wird deutlich, daß die zunächst oft verwirrend und je nach Bedarf zusammengestückelt erscheinende minoische Architektur in eben dieser Form ganz bewußt geplant gewesen sein muß, denn die Ordnungsprinzipien des Alten wiederholen sich im Neuen Palast.

Die Grundrisse minoischer Paläste zeigen als Mittelpunkt der Anlagen stets einen Zentralhof, in Festós von den Ausmaßen 22,5 × 52,5 m. Generell sind diese Zentralhöfe mehr oder weniger in Nord-Süd-Richtung orientiert. Darüber hinaus fällt jedoch in Festós eine genaue Ausrichtung der Längsachse des Hofes (und damit des gesamten Palastes) auf die obenerwähnte, rund 12 km entfernte Kamáres-Grotte auf, die unterhalb des Máwri als dunkler Fleck erkennbar ist. Schon der Alte Palast hatte diese Ausrichtung, der Neue scheint noch etwas genauer auf diese wichtige Kultstätte hin orientiert zu sein. Meist weisen minoische Palastanlagen im Westen einen weiteren Hof auf. Diesen Westhof finden wir in typischer Form, nämlich mit schmalen, leicht erhöhten Pflasterwegen, sogenannten Prozessionswegen (vgl. Knossós), auch in Festós wieder. Der Westhof zeigt hier zwei Niveaus, wobei das untere, gepflasterte aus der Alten Palastzeit stammt. Nach der Zerstörung dieses Alten Palastes um 1700 hatten die Minoer seine Mauern bis zu einer Höhe von 1 m stehengelassen, die »Zerstörungsschicht« mit Schutt aufgefüllt und darüber, hier im Westhof ca. 7 m weiter zurück auf den Zentralhof zu, den Neuen Palast errichtet. Diese Zone zwischen den beiden Fassaden haben die Ausgräber nicht abgetragen (Abb. 17). Die Zerstörungsschicht des Alten Palastes (= Niveau des Neuen Palastes) ist zeitlich definiert durch die in ihr gefundene Keramik des erwähnten Kamáresstils, die zur Zeit der Neuen Paläste nicht mehr in Gebrauch war. Aus der Zeit der Neuen Paläste stammt die Keramik des Florastils (SM I a; Abb. 22).

Um den Zentralhof herum gruppieren sich die Flügel des Alten wie des Neuen Palastes. Dabei fällt beim Betrachten des Grundrisses als Eigentümlichkeit auf, daß die minoischen Architekten auf die Bildung einer geradlinig gestalteten Außenfassade verzichtet haben. Geradlinige Fassaden begrenzen nur den Zentralhof, die äußere Palastgrenze dagegen ist unübersichtlich und oft schwer auszumachen. Der Bau erscheint wie von innen (vom Zentralhof her) nach außen entwickelt. Deutlich wird dies im Detail an der Fassade zum Westhof, wo wir nach unserem Stilempfinden eine gerade, klare Front erwarten würden. Stattdessen springen die Außenmauern vor und zurück, wie es die Anlage der Innenräume vorzugeben scheint.

Einige Raumgrundrisse des Alten Palastes sind im Westflügel noch erhalten (Abb. 19), etwa ein mehrräumiger Komplex *(V–IX)* in der von Treppen begrenzten Nordecke, der wegen eines hier gefundenen tönernen Opfertisches und verschiedener Kultgegenstände als Heiligtum angesehen wird, außerdem weiter südlich gelegene Magazine *(XI–XVIII)*, in denen man die hier gefundenen Vorratsgefäße (Pithoi) unter einer Betondecke wieder aufgestellt hat. – Ebenfalls im Westflügel, südlich der Treppen- und Eingangsanlage *(67–69)*, erschließt ein vom Zentralhof her zugänglicher Korridor *(26)* Magazinräume *(27–37)* des Neuen Palastes mit Vorratsgefäßen und steinernem Werkzeug (Ölpressen u. ä.). Diese Einteilung entspricht einem Grundgedanken minoischer Palastkonzeption. In den meisten gefundenen Palästen beider Baustufen beherbergen die Westflügel Magazine sowie oft, meist zum Zentralhof orientiert, Räume kultisch-zeremoniellen Charakters (im Plan hier *23, 24* und vielleicht der Bereich dahinter).

Die großartige Einheit von Freitreppe und dahinterliegender Eingangshalle (Abb. 18) des Neuen Palastes *(67–69)* veranschaulicht auf besonders schöne Weise eine andere Eigentümlichkeit minoischen Bauens. Zunächst einmal befindet sich der Eingang in einer Ecke und nicht etwa in der Mitte des Westflügels, wo wir ihn gemäß unserem durch griechisch-klassische Baukunst geprägten Stilempfinden vermuten würden. Dann finden wir Säulen und Pfeiler der überdachten Querhallen *(68, 69)* des Eingangskomplexes in dessen Mittelachse, wodurch dieser ihr weiterführender Charakter, zumindest optisch, genommen wird. Schließlich findet der gesamte Komplex seinen Abschluß in einem offenen Hof (hinter

Fig. 25 Diskus von Festós, Seite B: Spiralenförmig angeordneter Text, wohl religiösen Inhalts, in eingestempelten Hieroglyphen. Gebrannter Ton, Durchmesser 16 cm. Mittelminoisch III, nach 1600 v. Chr. Archäologisches Museum Iráklion

69) ohne direkt weiterführende Türen. Solche befinden sich nur an den Schmalseiten des Raumes *69* und in der rechten hinteren Ecke des Hofes, und auch die sich hier ergebenden Durchblicke werden gleich wieder aufgefangen von Querwänden von Treppenhäusern (z.B. *71*).

Von einem Raum *(71)* nördlich des oberen Treppenpodestes *(69)* konnte man sowohl über eine Treppe in ein Obergeschoß *(72, 73)* gelangen als auch durch einen kurzen Korridor in das Peristyl *(74)*, einen Hof mit einem umlaufenden, von Säulen getragenen Vordach. Die zwölf steinernen Säulenbasen sind noch erkennbar. Von hier aus war das Obergeschoß der nicht erhaltenen repräsentativen Raumgruppen des Nordflügels zu erreichen, und zwar über Raum *93*, der sich mit einer von Pfosten durchbrochenen Wand, einem sogenannten Polythyron, zum Peristyl hin öffnet. Der Boden dieses Raumes war in Art einer Einlegearbeit mit rhombenförmigen Platten belegt, von denen Teile erhalten sind. Eine Treppe *(76)* verbindet das zerstörte Obergeschoß mit dem Untergeschoß. Bemerkenswert ist auch hier wieder der für minoische Baulogik so typische Umstand, daß die Nordquartiere, wiewohl über das Peristyl direkt an die Eingangshalle stoßend, nicht etwa über einen monumentalen, Durchblick gewährenden Eingang mit dieser verbunden sind, sondern, optisch völlig von dieser getrennt, von der Halle her nur über mehrmals abknickende Gänge erreichbar waren.

Zugang zu den Nordquartieren gewährt vor allem ein nicht überdachter Gang, der (bei *41*), ausnahmsweise fast in der Mittelachse, den Zentralhof verläßt. Flankierende Nischen mit Resten ornamentaler Bemalung, Ausschliffspuren einer Türe sowie die Ausrichtung des Ganges auf die Kamáres-Grotte ergeben Hinweise auf einen kultisch-religiösen Sinn dieses Abweichens vom minoischen Prinzip, Durchgänge nicht in Achsen, sondern in Ecken anzulegen. Ganz im Norden befinden sich sehr repräsentative Raumgruppen *(50* und *77–86)* mit durch Säulen- und Pfeilerstellungen aufgelösten Wänden, ähnlich denen, wie sie von anderen minoischen Palästen her bekannt sind (vgl. Knossós). Allgemein nimmt man an, daß diese Raumgruppen als Wohn- oder Repräsentationsräume einer Herrscher- oder Priesterschicht genutzt wurden. Der Platz an dieser Stelle des Palastes scheint dafür gut gewählt: In der heißen Ebene brachte der auf Kreta im Sommer regelmäßige nachmittägliche Nordwestwind, der Zephyros Homers, diesen Räumen mit ihrer herrlichen Aussicht aufs Idamassiv als ersten Kühlung.

Der gesamte, von hier aus nach Osten anschließende Komplex *(XL ff.)* ist in der Zeit des Alten Palastes erbaut worden. Einer der aufsehenerregendsten Funde, der Diskus von Festós (Fig. 25), kam 1903 in einem dieser Räume zwischen Linear-A-Schrifttäfelchen zum Vorschein.

Im Osten des Palastes befindet sich ein weiterer Hof mit den bemerkenswerten Resten eines Kupferschmelzofens. An den Rändern des Ofens ist noch Schlacke erhalten. Die Herstellung von Bronze und deren Verarbeitung (vielleicht in den Räumen *54, 55 ff.*) fand also offenbar im Palastareal statt. Ferner fanden die Ausgräber in diesem Bereich zwei Töpferscheiben.

Erwähnenswert erscheint im Zusammenhang mit dem Schmelzofen der Umstand, daß auf griechischen Münzen der Stadt Festós bis ins 3. Jh. v. Chr. hinein der bronzene Riese Talos dargestellt ist. Von diesem Talos, dem letzten des »bronzenen Weltalters«, berichtet der Mythos, daß er auf Kreta eine Wächterfunktion ausübte und alle Fremdlinge umbrachte, indem er ins Feuer sprang und seinen metallenen Körper bis zur Weißglut erhitzte, so daß sie in Berührung mit ihm verbrannten. Er wurde schließlich von Medea überlistet, als sie mit den Argonauten auf der Rückfahrt von Kolchis, wo sie Jason zum Raub des Goldenen Vlieses verholfen hatte, von ihm an der Landung in Kreta gehindert wurde. Mit ihren Zauberkräften gelang es ihr, daß er stürzend die verwundbare Stelle seines ehernen Körpers am Knöchel verletzte, wo ein Nagel seine einzige Ader verschloß, und er verblutete. Dieser Mythos ist, wie Paul Faure glaubt, möglicherweise ein Hinweis auf die Bronzegußtechnik der »verlorenen Form« zur Herstellung eines Hohlgusses, wie er wahrscheinlich im minoischen Festós schon vor mehr als 3500 Jahren bekannt war. Dazu würden zwei Fundstücke aus Ton aus dem Palast passen, die als Modell (äußere Form) und Kern (innere Form) zur Herstellung eines Bronzegusses einer menschlichen Hand angesehen werden könnten. Mythos wie Münzbilder könnten

eine späte Erinnerung sein an eine Zeit, in der in Festós die Kunst der Metallverarbeitung bereits einen Höhepunkt erreicht hatte (Abb. 6).
Selbst wenn man die Problematik, die ehemalige Verwendung von Räumen aus oft zufälligen Funden abzuleiten, in Rechnung stellt, ist doch eine Grundstruktur des Palastes erkennbar. Um den Mittelhof herum sind Funktionsgruppen angeordnet: im Westen Magazine, im Norden repräsentative Räume und im Osten Werkstätten. Die ganze Anlage, die ehemals das Zentrum einer Siedlung bildete, hat darüber hinaus einen deutlich kultisch-repräsentativen Charakter. Gesamtkonzeption und Ausrichtung, aufwendige Gestaltung einzelner Bauteile wie etwa der Eingangs-, Hof- und Treppenanlagen, auch Details wie die zahlreichen kleinen Räume, die als Kultstätten interpretiert werden – z. B. drei »Lustralbecken« im Westflügel *(19, 21, 70)*, eines im Nord- *(82)*, eines im Osttrakt *(63)* –, schließlich die durchweg sehr schöne und kostbare Keramik, die bei der Ausgrabung gefunden wurde: alles dies legt den Schluß nahe, daß dieser Baukomplex nicht lediglich einem profanen, alltäglichen Gebrauch diente.

Knossós

Knossós ist die größte und berühmteste Ausgrabung auf Kreta, wenn auch mittlerweile Anlaß zu der Vermutung besteht, daß unter dem Dorf Archánes/Témenos, rund 9 km südlich von Knossós, die Reste eines ähnlich großen minoischen Palastes noch verborgen sind. Die Anlage von Knossós, auf dem niedrigen Hügel Kefála (»Kopf«), bedeckt eine Fläche von rund 20000 qm. Der Palast liegt 4 km südöstlich von Iráklion inmitten von Weinbergen, wo der kleine Fluß Wlýchia in den etwas größeren Kératos mündet (Abb. 39). Im Volksmund seit Jahrhunderten als von Geheimnis umgebener Ort bekannt, wurden hier häufig »merkwürdige« Gegenstände gefunden, woraufhin der Kreter Minos Kalokerinos im Winter 1878/79 als erster mit den Ausgrabungen von Knossós begann. Er legte Teile des Westflügels des Palastes frei und fand 12 große Pithoi (Vorratsgefäße), verschiedene Vasen, Siegel und Schrifttäfelchen. Ein großer Teil der Sammlung Kalokerinos ging 1898 beim Aufstand der Türken gegen das englische Konsulat in Iráklion verloren. Mittlerweile hatten die Funde aber bereits das Interesse ausländischer Forscher geweckt, und am 23. März 1900 begann Arthur Evans unter Mitarbeit von Dr. Mackenzie, D. T. Fyfe und einer Mannschaft von bis zu 200 Arbeitern zu graben. Schon 1902 war das gesamte Areal des Palastes von Knossós freigelegt.
Der Hügel Kefála war schon im Neolithikum besiedelt und wuchs während der frühminoischen Zeit zu einem größeren Zentrum heran. Reste der neolithischen Zeit kann man heute noch in den kreisrunden Vertiefungen des Westhofes sehen. Wie auch andernorts auf Kreta entstand hier nach 2000 ein größerer Palast, den die Archäologen innerhalb der minoischen Chronologie den Alten Palast nennen; er wurde gegen 1700 zerstört. Der auf seinen Trümmern gebaute Neue Palast scheint um 1600 nochmals von einer Katastrophe heimgesucht worden zu sein, und Evans meinte, in dieser Zerstörung sogar Hinweise auf eine Plünderung entdeckt zu haben. Dies ist jedoch unsicher. Der Neue Palast von Knossós bestand länger als die übrigen minoischen Paläste, mit Ausnahme vielleicht desjenigen von Archánes, und wurde sogar in seiner letzten Phase, nach 1450, noch einmal umgebaut. Die Funde aus dieser Zeit belegen die Anwesenheit von Mykenern. Etwa 1380 ist der Palast endgültig zerstört worden.
Die archäologischen Zusammenhänge von Knossós aus der Zeit vor und nach der 2. Jahrtausendwende sind kaum noch zu rekonstruieren, da sich Evans bei seiner Grabung nicht für die jüngeren Schichten interessierte und sie infolgedessen zerstörte, um schneller an die älteren minoischen Schichten zu gelangen. In Knossós scheint sich zumindest auf Teilen des minoischen Palastes die Siedlungstradition fortgesetzt zu haben, denn in der Antike war Knossós wieder einer der mächtigsten Stadtstaaten Kretas. 69 v. Chr. wurde Knossós von dem Römer Caecilius Metellus erobert und verlor seine Machtstellung zugunsten von Gortís, bestand aber als römische Stadt weiter. Aus der römischen Zeit sind nördlich der modernen Klinik von Iráklion Reste eines Amphitheaters und nordwestlich des minoischen Palastes Grundmauern zweier Villen mit Mosaiken erhalten, die Evans »Villa des Dionysos« und »Villa der Ariadne« nannte; südlich der Ariadne-Villa ließ sich Evans Anfang des Jahrhunderts seine Privatvilla errichten (Abb. 37). In der folgenden frühchristlichen Zeit wurde Knossós zwar noch Bischofssitz, verlor aber immer mehr an Bedeutung und ist wahrscheinlich zur Zeit der Besetzung der Insel durch die Araber im 9. Jh. n. Chr. zerstört worden. Doch der Ort blieb auch weiterhin besiedelt, nun aber wohl nur noch von Bauern, die ihr Dorf Makrýtikos nannten. Erst in einem Beschluß von 1961 wurde Makrýtikos wieder in Knossós umbenannt.
Abgesehen von seiner Größe unterscheidet sich Knossós von den anderen minoischen Palästen der Insel vor allem durch die Rekonstruktionen, die Evans nach seinen Vorstellungen ausführen ließ. Sind diese auch unter Wissenschaftlern sehr umstritten, so muß man doch zugestehen, daß durch diesen »Wiederaufbau« der Palast bzw. das minoische Labyrinth Knossós an Anschaulichkeit gewonnen hat: Statt verwirrender Grundrisse sieht der heutige Besucher an einigen Stellen ganze Räume vor sich,

Plan B: Der Palast von Knossós, Grundplan und Hauptstockwerk (»piano nobile«). 1: Zentralhof; 2: Westhof; 3: Abfallgruben für Opferreste; 4: Prozessionswege; 5/6: Sockel für Altäre; 7: Korridor der Westmagazine; 8: Treppe ins Obergeschoß (»piano nobile«); 9: »Dreiteiliges Heiligtum«; 10: Vorraum zum Heiligtum; 11: Sog. Pfeilerkrypten; 12: Schatzgruben (Fundort der »Schlangengöttin« u. a.); 13: Thronsaal (der mykenischen Zeit); 14: Propyläen zum »piano nobile«; 15: »Heilige Halle« (Sanctuary Hall); 16: Magazinräume mit großen Vorratspithoi; 17: Werkstätten; 18: Treppenhaus des Ostflügels; 19: Lichthof des Treppenhauses; 20: Offene Säulenhalle des Lichthofes zum Treppenhaus; 21: »Halle der Doppeläxte«; 22: Lichthof; 23: »Megaron der Königin«; 24: »Badezimmer der Königin«; 25: Rampenartiger Treppenweg; 26: Südlicher Korridor; 27: »Prozessionskorridor«; 28: Nordzugang; 29: Stuckrelief eines Stieres; 30: Theater; 31: Prozessionsweg. – Nach *J. D. S. Pendlebury,* 1933/1954

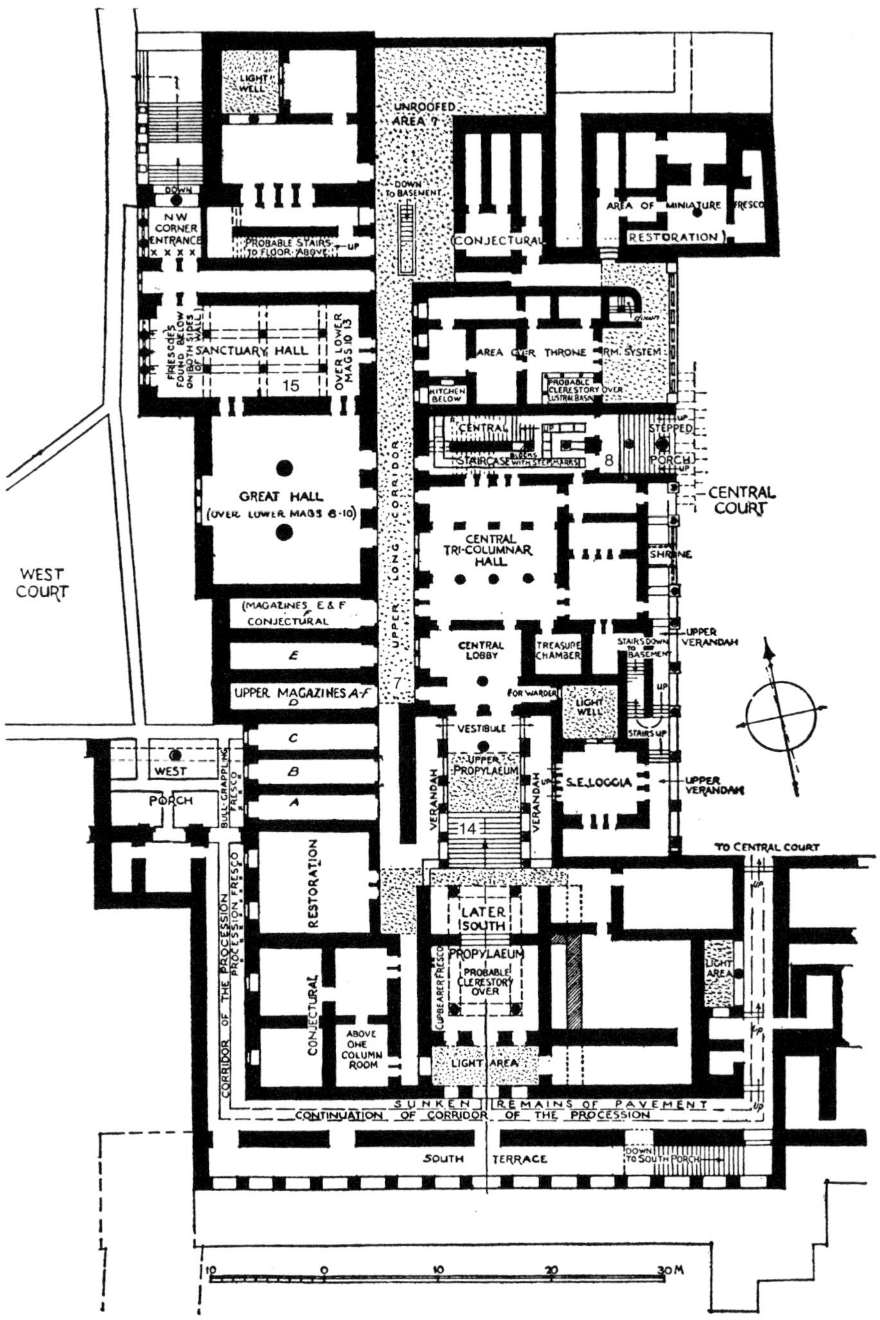

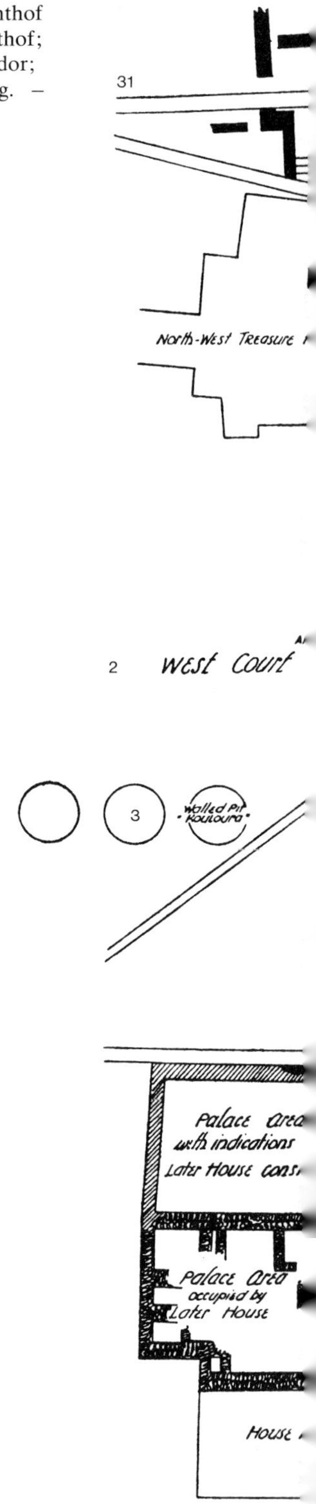

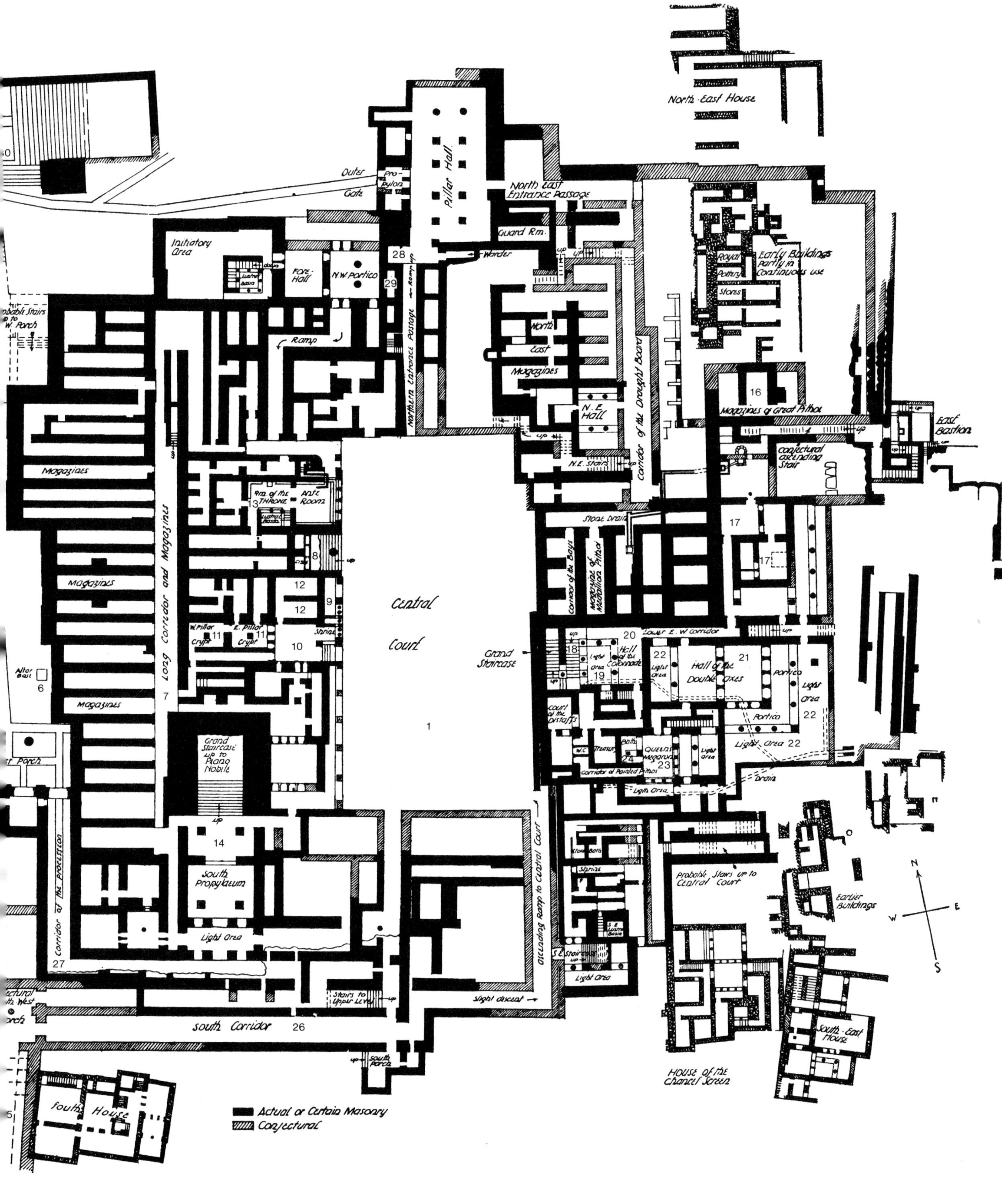
North-East House
Pillar Hall
Outer Gate
Pro-pylon
North East Entrance Passage
Guard Rm.
Warder
Initiatory Area
Lustral basin
Fore-Hall
N.W. Portico
Ramp
Northern Entrance Passage
Royal Pottery Stores
Early Buildings partly in continuous use
North East Magazines
N.E. Hall
N.E. Stairs
Corridor of the Draught Board
Magazines of Great Pithoi
East Bastion
conjectural ascending Stair
Magazines
Rm. of the THRONE
Ante Room
Long Corridor and Magazines
Stone drain
Corridor of the Bays
Magazines of Medallion Pithoi
Central Court
Grand Staircase
W. Pillar Crypt
E. Pillar Crypt
Shrine
Altar Base
Lower E. W. corridor
Hall of the Colonnades
Light Area
Hall of the Double Axes
Portico
Light Area
Court of the Distaffs
Treasury
Bath
Queen's Megaron
corridor of Painted Pithoi
Light Area
Drain
Grand Staircase up to Piano Nobile
South Propylaeum
Light Area
Corridor of the Procession
Ascending Ramp to Central Court
Stairs to Upper Level
Slight descent
Probable Stairs up to Central Court
Earlier Buildings
S.E. Stairs
S.E. Lustral Basin
South Corridor
South Porch
South-East House
House of the Chancel Screen
South House
Actual or Certain Masonry
Conjectural
N
W
E
S
1
6
7
8
9
10
11
12
13
14
16
17
18
19
20
21
22
23
24
26
27
28
29

die dem Nichtfachmann eine plastischere Anschauung vermitteln, als dies die reinen Grundrisse vermöchten. Der Grundriß des Palastes zeigt die typische Struktur minoischer Architektur, wie wir sie schon beim Palast von Festós kennengelernt haben. Kern des Ganzen bildet der 53 × 27 m große Zentralhof *(1)*, der mit seiner Längsachse um etwa 13° aus der Nordrichtung abweicht. Dabei fällt auf, daß die Verlängerung der Längsachse von Knossós nach Süden auf den minoischen Palast von Archánes und auf den Júchtas (das mythische Grab des Zeus), an dessen Hängen der minoische Tempel von Anemóspilia liegt, gerichtet ist (Abb. 36).

Um den Zentralhof herum sind die verschiedenen Gebäudekomplexe des Palastes angeordnet. Wie die anderen Paläste der Minoer weist auch der von Knossós nach außen hin keine geradlinigen Begrenzungen auf. Auch scheinen die Gebäude der Stadt, deren Zentrum der Palast war, ohne Abstand direkt an den Palast herangebaut gewesen zu sein (z. B. Südostecke im Plan). Im Westen finden wir den üblichen Westhof *(2)* mit drei rund ausgemauerten Gruben des Alten Palastes, die wohl Abfallgruben für Opferreste waren *(3)*, und Prozessionswegen *(4)*, ähnlich der Anordnung in Festós. Zwei hier gefundene Sockel *(5, 6)* könnten Altäre gewesen sein.

Der Westflügel von Knossós zeigt im Erdgeschoß folgende Aufteilung: Links (westlich) des langen Korridors *(7)* befinden sich die langen, schmalen Magazinräume, in denen Pithoi gefunden wurden. Die teils mit Alabaster verkleideten Wände sind geschwärzt durch den Brand, der den Palast zerstörte. Das Fassungsvermögen der hier untergebrachten Pithoi wird auf rund 30 000 Liter geschätzt (im Palast insgesamt: 72 000 Liter). Der Teil des Westflügels, der zum Zentralhof hin gelegen ist, hatte kultisch-repräsentative Funktionen. Südlich der ins Obergeschoß führenden Treppe *(8)* befand sich nach Meinung der Archäologen ein Heiligtum *(9)*, das Evans »Shrine« nennt, mit einer dreiteiligen »Kultfassade«, wie wir sie auf einem Fresko aus Knossós dargestellt sehen (Abb. 46, 47). Noch weiter südlich führen wenige Stufen hinunter in einen Vorraum *(10)*, an den nach Westen zwei sogenannte Pfeilerkrypten *(11)* anschließen: In der Mitte der Räume steht jeweils ein Pfeiler, in dessen Seiten die Doppelaxt geritzt ist, und im Boden befinden sich verkleidete Vertiefungen, die vielleicht zur Aufnahme von Opfergut bestimmt waren. Die beiden Räume *(12)* nördlich der Vorhalle enthielten unterirdische Schatzgruben, in deren kistenförmigen Vertiefungen des Bodens kleine Statuetten, darunter die »Schlangengöttin« (Abb. 51) und weitere Objekte gefunden wurden. Die ganze Raumgruppe *(12)* wird als Zentralheiligtum von Knossós gedeutet und einer chthonischen Gottheit zugeschrieben, wobei die Schlangen in den Händen der Göttinnenstatuetten wahrscheinlich auf einen Aspekt des Unterirdischen hindeuten. Vielleicht hat man an den Pfeilern der Krypten Opfer dargebracht, um eine Erdgöttin zu verehren. – Noch weiter südlich hat Evans Reste eines kleinen Tempels der griechisch-antiken Zeit nachweisen können.

Nördlich der Treppe *(8)* befindet sich hinter einem Vorraum der Thronsaal *(13)* des Palastes (Abb. 43), so wie ihn die Mykener während ihrer Herrschaft über Kreta ausgestattet hatten! Der Alabasterthron an der Südwand steht in situ. Links und rechts des Thrones schmücken Freskenkopien mit Greifendarstellungen die Süd- und Westwand. Gegenüber des Thrones führen Treppenstufen zu dem sogenannten Lustralbecken, in dem möglicherweise rituelle Waschungen vorgenommen wurden. Als Evans den Thronsaal ausgrub, fand er Keramik und anderes Gerät so auf dem Boden verstreut, daß er folgerte, hier müsse im Augenblick der Zerstörung des Palastes eine Kulthandlung im Gange gewesen sein, die durch die Zerstörung unterbrochen wurde. Eigentümlicherweise sind aber weder hier noch sonst irgendwo im Palast menschliche Skelette gefunden worden, so daß alle Menschen beim Herannahen der Katastrophe bzw. kurz vor dem Zusammensturz des Palastes wohl noch fliehen konnten.

Das Obergeschoß des Westflügels wird nach Evans als »piano nobile« (vornehme Etage) bezeichnet, worin sich natürlich das Denken von Evans' Zeit ausdrückt, in der die erste Etage eines vornehmen Hauses insbesondere repräsentativen Zwecken diente. Die heutigen Grundrisse in diesem Obergeschoß sind nur zum geringsten Teil wirklich gesichert.

Der piano nobile des Westflügels muß jedoch tatsächlich von einiger Bedeutung gewesen sein, denn eine breit angelegte Eingangs- und Treppenanlage führte von Süden »feierlich« ins Obergeschoß hinauf *(14*; Abb. 42). Die Wände dieser Südpropyläen waren einst mit dem sogenannten Prozessionsfresko geschmückt, das in zwei übereinanderstehenden Reihen hier und im Prozessionskorridor *(27)* etwa 500 lebensgroße männliche und weibliche Rhytonträger darstellte (Fig. 26). Der Eingangskomplex zeigt wieder die charakteristische minoische Gestaltung als Raumeinheit (vgl. Festós): Die Durchgangsachse der Freitreppe wird im Obergeschoß nicht weitergeführt, sondern auf dem oberen Podest durch eine pfeilergestützte Vorhalle mit einer Säule in der Mittelachse aufgefangen. Die weiterführenden Durchgänge verlaufen links und rechts der Säule. – Auf die Wichtigkeit des piano nobile weisen außerdem Fresken hin, wie das der »Kleinen Pariserin« (Abb. 50) aus dem »Saal mit den sechs Säulen« *(15)*, den Evans als »sanctuary hall« bezeichnete. Auch Schrifttäfelchen fanden sich hier.

Der Ostteil des Palastes enthielt ganz im Norden wieder Magazine, darunter solche des Alten Palastes, die man zur Zeit des Neuen in Gebrauch behalten hatte *(16)*. Etwa in der Mitte des Ostflügels, der mehrstöckig in den Hang zum Kératos-Fluß hineingebaut ist, fanden sich Werkstätten *(17)* – eine Steinschneiderei und eine Töpferei – sowie bemerkenswerte Reste einer Wasserleitung, die bereits nach dem physikalischen Gesetz kommunizie-

render Röhren bautechnisch perfekt konstruiert und genutzt worden ist.
Etwa in der Mitte des Ostflügels gelangt man vom Zentralhof aus zu dem wohl schönsten Zeugnis minoischer Architektur. Eine doppelläufige Treppe (*18;* Abb. 40 und Umschlagvorderseite) verband mindestens drei Stockwerke, von denen zwei unterhalb des Zentralhofniveaus liegen. Der ganze Bereich ist in der typisch minoischen Manier in einzelne, in sich abgeschlossene Raumeinheiten unterteilt. Eine davon bildet z. B. den großartigen Komplex von Treppe *(18)*, Lichthof *(19)* und umlaufender Säulenhalle *(20)* im Untergeschoß. Die weiterführenden Korridore sind stets in die Ecken gelegt. Eine ähnlich abgeschlossene Raumeinheit ist die »Halle der Doppeläxte« *(21)* mit einer im Süden und Osten umgebenden Portikus und einem Lichthof im Westen *(22)*. Die Trennwände innerhalb dieser Raumgruppe sind alle mehrfach unterbrochen und bilden ein sogenanntes Polythyron (»Vieltüren«). In diesem Raumkomplex fand Evans Freskenfragmente mit der Darstellung der achtförmigen Schilde und mit ornamentalen Motiven, an der Nordwand der westlichen Raumhälfte die Reste eines Thrones.
In der Südwand öffnet sich eine Tür zu einem Gang, der – erst nach Westen, dann nach Süden abknickend – zum »Megaron der Königin« führt (*23;* Abb. 44). In diesem Raum waren Freskenreste einer jüngeren und einer älteren Phase erhalten, z. B. das jüngere Delphinfresko an der Nordwand. Auch der Fußboden zeigt Konstruktionen aus zwei verschiedenen Bauphasen. In den Bereich der Phantasie gehören allerdings Bezeichnungen wie »Megaron der Königin« oder auch »Badezimmer der Königin« *(24)*: Die hier aufgestellte »Badewanne« ist zwar sehr dekorativ, wurde aber nicht in diesem Raum gefunden; zudem scheint sie einer späteren Zeit anzugehören als der minoische Palast. Außer den beschriebenen Räumlichkeiten befinden sich in diesem Teil des Ostflügels noch andere Lichthöfe, ein Raum, der aufgrund einer im Boden entdeckten Wasserleitung »Toilette« genannt wird, zwei kleinere Treppenläufe und einige weitere Räume, alle »labyrinthisch« angelegt und durch abknickende Gänge miteinander verbunden. In diesem gesamten Bereich kamen viele Fresken zutage, Reste von Stuckreliefs, kostbare Keramik der minoischen und mykenischen Zeit und auch einige Schrifttäfelchen. Wenn wir auch nicht wissen, wer in diesen Räumen wohnte oder Hof hielt, so ist doch sicher, daß sie einen der wichtigsten Teile des Palastes bilden. Ähnliche Raumkomplexe finden sich in allen anderen minoischen Palästen und auch in einigen kleineren palastartigen Gebäuden.
Die Eingänge, die von allen vier Himmelsrichtungen in den Palast führen, scheinen weniger nach praktischen als vielmehr nach kultisch-repräsentativen Gesichtspunkten angelegt. Von Süden, vom Landesinnern her, erreichte man den Palast über eine kleine Brücke, die den Wlýchia-Fluß überspannte. Ein mit einer Portikus überdeckter rampenartiger Treppenweg *(25)* zog sich dann in nördlicher Richtung bis auf das Niveau des Zentralhofes herauf, verlief von hier als südlicher Korridor *(26)* bis zur Mitte des Palastes und dann in Nordrichtung auf den Zentralhof zu. Der südliche Korridor stand in Verbindung mit dem von der Südostecke des Westhofes zunächst nach Süden, dann nach Osten führenden Korridor *(27)*, der seinen Namen erhielt von den Resten des »Prozessionsfreskos« (Fig. 26), die man an seinen Wänden entdeckte. Geradezu umständlich erscheint der Verlauf des Prozessionskorridors, will man ihn nur unter praktischen Gesichtspunkten als Eingang betrachten. Seine Anlage ist wohl eher durch die Erfordernisse von Zere-

Fig. 26 Rhytonträger aus dem Prozessionsfresko der Großen Süd-Propyläen des Palastes von Knossós. Spätminoisch I, um 1500/1450 v. Chr. Archäologisches Museum Iráklion

monien erklärbar, deren Ausübung uns vielleicht das Prozessionsfresko zeigt.
Einfacher ist der Nordzugang (*28;* Abb. 45) zum Palast angelegt, der immerhin in gerader Linie den Palast erreicht. Auch hier finden wir einen Hinweis auf Kultisches: Hoch über der Nordrampe war im Westen und im Osten (?) je ein Stuckrelief eines Stieres angebracht *(29).*
An der Nordwestecke des Palastes befindet sich das sogenannte Theater *(30),* ein Freiraum, der im Osten und Süden von mehreren Treppenstufen eingefaßt ist und von dem in westlicher Richtung zwei Prozessionswege wegführen, die sich schon bald vereinen. Dieser westwärts verlaufende Prozessionsweg *(31),* an dessen Seiten Reste minoischer Häuser gefunden wurden, erreicht nach etwa 200 Metern ein Gebäude auf einer Fläche von rund 40 × 30 Metern mit Säulenhallen, Lichthöfen und einem Obergeschoß, dessen aufwendige Bauweise in Verbindung mit den Funden (z. B. das schöne Stierkopfrhyton, Abb. 52) Evans dazu veranlaßte, es als »Kleinen Palast« zu bezeichnen. Die gesamte Anlage von Knossós inklusive dieses »Kleinen Palastes« erweckt den Eindruck, als sei sie für eine feierliche Prozession angelegt, die vom »Kleinen Palast« aus zunächst das »Theater« erreichte, wo sich vielleicht Publikum versammelt hatte, und danach durch den Nordeingang oder – vorbei an der Nordwestecke des Palastes – über den Westhof mit seinen Altären und weiter durch den Prozessionskorridor in den Zentralhof führte. Auch die Eingangs- und Treppenanlage für das Obergeschoß des Westflügels konnte auf die geschilderte Weise erreicht werden. Vielleicht war es (kultisch?) bedeutsam, den Hof vom Norden, Westen oder Süden her zu betreten. Auf dem Zentralhof mögen dann weitere Zeremonien stattgefunden haben.
Der Palast von Knossós war umgeben von einer großen Stadt, die heute größtenteils noch unter den Weinbergen begraben liegt. An einigen Stellen sind jedoch Gebäude freigelegt worden, so der bereits erwähnte »Kleine Palast«, dann ein ähnliches Gebäude nordöstlich des Hauptpalastes, von Evans als »Königliche Villa« bezeichnet, und einige mehr. Auf der Südseite des Wlýchia, dort wo die Brücke über den Fluß führte, befindet sich ein Gebäude, das Evans als »Karawanserei« beschrieb. Er stellte sich vor, hier hätten von Süden kommende Besucher des Palastes ihre mitgebrachten Güter unterstellen und Quartier finden können. Der Bau enthält zwei eingefaßte Quellen, einen großen Raum mit einem Fries, auf dem Rebhühner dargestellt sind, und einige kleine schmale Räume. In einer Entfernung von 500 m, weiter nach Süden in Richtung Archánes, liegt schließlich das bereits erwähnte Tempelgrab von Knossós. Dieses in seiner Art auf Kreta einzigartige Grab war leider bereits ausgeplündert, als Evans es fand.

Archánes

Der Ort Archánes/Témenos (Abb. 11) zog schon früh die Aufmerksamkeit der Forscher auf sich. Immer wieder hatten Reisende davon berichtet, daß sich nach einer kretischen Legende das Grab des Zeus auf dem Berge Júchtas (Abb. 10), westlich des Dorfes, befinden solle. In diesem Zusammenhang ist ein Hinweis antiker Autoren interessant (Kallimachos 3. Jh. v. Chr.; Apostel Paulus 1. Jh. n. Chr.; Antonios Liberalis 2. Jh. n. Chr.), der besagt, die lügenhaften Kreter behaupteten, Zeus bzw. die Götter überhaupt seien sterblich. Hieraus läßt sich möglicherweise schlußfolgern; daß der mykenisch-griechische Zeus auf Kreta verschmolzen ist mit einer vorgriechischen hohen minoischen Gottheit, die in der mutmaßlichen Fruchtbarkeitsreligion des alten Kreta ein sterblicher Vegetationsgott war! Der minoischen Vorstellung von einem Gott, der jedes Jahr aufs neue geboren wurde und wieder starb, hätten die Griechen in der Antike demnach vor allem dadurch Rechnung getragen, daß sie die Geburt des Zeus nach Kreta verlegten; den Tod ihres Zeus konnten sie den Minoern freilich nicht zugestehen und bezeichneten demzufolge die Kreter, die offenbar immer noch an der alten Vorstellung festhielten, als Lügner!
So hatte auch schon Arthur Evans in Achánes und seiner Umgebung gegraben. Auf dem Gipfel des Júchtas (811 m) legte er 1909 ein minoisches Gipfelheiligtum frei, das aus drei Räumen und einem Temenosbezirk besteht; das Heiligtum stammt aus der Zeit der Alten Paläste (MM) und wurde bis um 1400 (SM III) benutzt. Im Dorf selbst entdeckte Evans Teile eines größeren Gebäudes, das er als Sommerresidenz des Königs von Knossós ansah, und außerdem eine gemauerte Rundquelle, wahrscheinlich ein Quellheiligtum. Die wichtigsten Funde waren Linear-A-Inschriften und Siegel, darunter ein Siegelring aus Gold. Spätere archäologische Untersuchungen wurden von Marinatos und Platon vorgenommen. Die Bedeutung von Archánes in der minoischen Zeit wurde immer offensichtlicher.
Systematischere Ausgrabungen führen seit 1964 Ioannis Sakellarakis und seine Frau Efi Sapouna-Sakellaraki durch. Mittlerweile scheint festzustehen, daß sich unter dem heutigen Dorf Archánes gleichfalls eine eindrucksvolle minoische Stadt mit einem bedeutenden Palast verbirgt. Von »nur« einer Sommerresidenz kann nicht mehr die Rede sein. Die Grabungen im Dorf (Abb. 12–15) werden Jahre in Anspruch nehmen und können dennoch nie abgeschlossen werden, da die Häuser der Nachfahren der Minoer die Stätte ihrer Ahnen schützend überdek-

ken; die heutige Ortschaft wird also weiterhin viele Geheimnisse des minoischen Archánes bewahren! Die vor allem in den letzten Jahren freigelegten Teile des minoischen Palastes sind aber schon für sich eindrucksvoll genug: Repräsentative Raumfolgen und Gänge aus sorgfältig behauenen Quadern mit Steinmetzzeichen und gepflasterte Höfe traten ans Tageslicht. Neben unzähliger Keramik wurden auch viele Kultobjekte gefunden, darunter Stierhörner aus Stuck, wie sie die minoischen Sakralbauten krönten, vier doppelkonkave Altäre und ein Altartisch aus Stein, Dreifüße sowie Ton- und Steingefäße, aber auch einige wenige Freskenfragmente und Elfenbeinschnitzereien. Ein großer Teil der bisher in Archánes gefundenen Keramik stammt aus Spätminoisch I und hilft damit, den Palast in die Zeit zwischen 1600 und 1450 zu datieren. Es besteht allerdings Anlaß anzunehmen, daß der Palast schon vorher bestand (vgl. unten Nekropole von Archánes). Außer der SM I-Keramik fand Sakellarakis auch mykenische Keramik, was ein Fortbestehen des Palastes in der mykenischen Zeit wahrscheinlich macht.

Auch in der nachminoischen Zeit blieb der Platz noch Kultstätte. Dies belegt zum einen die kleine, auf einem Pferd reitende »Göttin von Archánes« (SM III, 1400–1100; Abb. 74), zum anderen das Rundmodell eines kleinen Tempels aus der protogeometrischen Zeit (um 1000), in dessen Innern eine sitzende (Göttinnen-) Gestalt mit erhobenen Händen zu erkennen ist, während zwei Männer vom Dach aus durch eine Öffnung hereinschauen (Abb. 104, 105). Weitere Funde reichen bis in die archaische Zeit (650–500).

Fig. 27 Hausmodell von Archánes. 17. Jh. v. Chr. Archäologisches Museum Iráklion

Einen äußerst interessanten Fund machte E. Lembessi bei einem Wohnhaus von Archánes: Er entdeckte ein Tonmodell eines zweistöckigen Hauses aus dem 17. Jh. Das Untergeschoß dieses Hauses hat nur wenige kleine Fenster, während das Obergeschoß mit seinen vorspringenden Erkern und Balkonen unter dem säulengetragenen (Flach-?)Dach (hier rekonstruiert) offene Freiplätze und Terrassen bildet. Elegant verbindet eine Schachttreppe mit seitlichem Lichteinfall durch kleine Fenster das Untergeschoß mit repräsentativen Räumen oben. Der Grundriß des Hauses zeigt wie bei den Palästen die Außenwände vor- und zurückspringend. Die Funktion dieses Modells ist bislang ungeklärt (Fig. 27).

Die Nekropole Furní von Archánes

Seit Jahrhunderten diente auf einem nordwestlich von Archánes gelegenem Hügel eine einfache runde Steinhütte, nach Art der Mitata-Rundhütten der Nídha-Hochebene, Hirten samt ihren Herden als Unterschlupf vor Unwetter und sengender Sonne. Der runden Form eines Backofens ähnlich, nannten die Bewohner von Archánes Hütte und Hügel »Furní« (»Ofen«).

1964 untersuchte Ioannis Sakellarakis den Rundbau, ließ den Boden bis zum gewachsenen Fels ausheben und entdeckte ein nicht geplündertes Kuppelgrab einer Frau aus der Zeit der mykenischen Herrschaft über Kreta, das er als Tholosgrab A (alpha) von Furní bezeichnete. Die seit 1964 auf dem Furní-Hügel unter Leitung des Ehepaares Sakellarakis andauernden Ausgrabungen (Abb. 54–61) brachten sensationelle Ergebnisse: Die bronzezeitliche Nekropole des 2. vorchristlichen Jahrtausends von Archánes kam ans Tageslicht, die bislang größte und besterhaltene auf Kreta und des gesamten minoisch/mykenischen Kulturraumes. Die Funde belegen, daß die Begräbnisstätte von Frühminoisch II an (um 2400) bis Spätminoisch III a (ca. 1400–1300) ununterbrochen benutzt worden ist.

Die ältesten bisher freigelegten zweigeschossigen Grabbauten sind Ossuarien (Beinhäuser), in denen Bestattungen sowohl auf dem Boden der Räume als auch in Pithoi (großen Tongefäßen) und Larnakes (Kistensarkophagen) gefunden wurden. Sie beweisen, daß es schon vor dem »Tempelgrab« von Knossós Grabgebäude mit mindestens zwei Geschossen gegeben hat, und daß diese Bauten, in denen Hunderte von Menschenschädeln gefunden wurden, nach anderen architektonischen Entwurfsgedanken konzipiert sind als die minoischen Paläste. In diese Ossuarien wurden ab der mittelminoischen Zeit Rundgräber hineingebaut bzw. neben ihnen neu errichtet. Die Ossuarien wurden ausgebaut und anscheinend auch Häuser errichtet, in denen vielleicht Priester wohnten: In diesen Häusern fand man keine Skelette. Der freigelegte minoische Teil der Nekropole umfaßt bereits fünf Grabkomplexe.

Die interessantesten Grabbeigaben waren Siegel

(Abb. 86) und Kykladenidole (Abb. 84), Gefäße – darunter ein Rhyton aus Alabaster und ein Gefäß aus Ägypten – sowie wenige Waffen. Ein vierzehnseitiges Elfenbeinsiegel (Abb. 87) aus der Zeit um 2200 verdient besondere Erwähnung, nicht nur als ältestes Schriftdenkmal Kretas, sondern auch durch seine Pferdedarstellungen auf beiden Seiten.

Äußerst interessant ist der Umstand, daß Sakellarakis sehr viele Tierbestattungen in der minoischen Nekropole fand. Zwischen Steinen und Felsspalten, ein paar Meter neben einem Ossuarium, kam eine Reihe von Kleintierskeletten ans Tageslicht, die hier zusammen mit Idolen, ähnlich dem der Abb. 84, in der Erde lagen. Ferner waren Hundeskelette in dem zugemauerten Eingang eines der Rundgräber eingefügt. Offenbar war es üblich, im Zusammenhang mit dem Totenkult Tiere zu opfern, wie wir es auf dem Sarkophag von Ajía Triádha dargestellt sehen (Abb. 27).

Tholosgrab A

Im nördlichen Bereich der Nekropole gelang Sakellarakis 1964, gleich zu Beginn seiner archäologischen Forschungen auf dem Furní-Hügel, der bedeutendste Fund: das oben bereits erwähnte mykenische Kuppelgrab!

Das Fundament der Tholos ist aus dem gewachsenen Fels herausgehauen und im Sockelbereich mit großen Steinen in ringförmigen Lagen ausgekleidet. Der innere Basis-Durchmesser beträgt 4,31 m. Die konzentrischen Steinkreise sind zunächst in der Form eines Zylinders, dann zu einer Kuppelform nach oben auskragend übereinandergeschichtet; die obere Öffnung schließt eine gewaltige Steinplatte. Der Scheitel der Kuppel liegt ca. 5 m über dem Boden. Der 2,60 m hohe, sich nach oben verjüngende Eingang ist von einem gewaltigen Architravstein (Breite 1,50 m, Länge 1,90 m, Dicke 0,33 m) abgedeckt. Den Zugang bildet ein nach Osten ausgerichteter Dromos, dessen oberes Geländeniveau etwa mit dem Türsturz abschließt. Das ganze Grab zeigt damit den Typus des mykenischen Tholosgrabes, dessen prominentestes Beispiel das »Schatzhaus des Atreus« in Mykene ist.

Auf dem Boden der Tholos an der Südseite fand Sakellarakis das offensichtlich zerlegte Skelett eines Pferdes, dessen Knochen dann aufeinandergelegt worden waren. (Man nimmt an, daß die Mykener das Pferd erstmals nach Kreta brachten!) An der gleichen Seite befanden sich in einer rechteckigen Bodenvertiefung Teile eines kastenartigen Sarkophags (Larnax) aus Spätminoisch III, jedoch ohne Knochen und Grabbeigaben. Das Grab schien geplündert. Im Süden der Tholos, in einer Höhe von 1,50 m, bemerkte Sakellarakis einen großen Stein von 1,15 m Länge, ähnlich dem Türsturz am Dromos-Eingang. Nachforschungen ergaben, daß sich unter dem Türsturz ein zugemauerter Eingang zur Grabkammer des Kuppelgrabes befand, die noch nicht geplündert war. Zwischen den Steinen der Zumauerung steckte ein Stierschädel, der offensichtlich von einem Stieropfer zu Ehren der Toten stammt. Der hinter dem Eingang liegende 2,10 × 1,95 m große Raum enthielt, von herabgestürzten Steinen bedeckt, eine zerbrochene, aber gut erhaltene Larnax, zehn Bronzegefäße (Abb. 101), mehrere Tongefäße sowie viele Kleinobjekte, darunter Perlen, Goldschmuck (Abb. 100), Siegelringe (Abb. 102), Haarspiralen, einen Bronzespiegel mit Elfenbeingriff und Elfenbeingegenstände (Abb. 85, 88), davon einiges in der Larnax. Es stellte sich heraus, daß einige der Elfenbeingegenstände Teile eines Schmuckdekors für einen Fußschemel waren, der mit Friesen von achtförmigen Schilden, einem der kultischen Zeichen der Minoer, verkleidet war. Die Griffe des Schemels wurden von zwei Köpfen mykenischer Krieger mit Eberzahnhelmen gebildet. Nur zwei kleine Knochensplitter des Skelettes wurden gefunden, zu wenig, um Rückschlüsse auf das Geschlecht des Toten zuzulassen, aber aufgrund des Schmucks und der Kostbarkeit der Grabbeigaben glaubt Sakellarakis, daß hier eine Frau von hohem Rang bestattet wurde. Nicht geklärt ist, wieso das Skelett verschwunden ist; möglicherweise ist es in ein Ossuarium verlegt worden.

Das Grab wird aufgrund der Funde in die Zeit Spätminoisch III a (um 1400–1300) datiert, als Kreta unter mykenischer Herrschaft stand. Die Funde im Grab zeigen allerdings großenteils minoischen Einfluß, ja einige Objekte scheinen sogar ältere minoische Familienstücke (?) zu sein. Die Tote war vielleicht eine Priesterin oder Fürstin aus Archánes, die hier mit kostbarem Schmuck und den Siegeln, die möglicherweise Zeichen ihres Amtes waren, beigesetzt wurde. Man hat ihr Tiere geopfert, darunter einen Stier, dessen Opfer im kretischen Kult von großer Bedeutung war. Mit den in der Grabkammer aufgestellten Gefäßen wurden zu Ehren der Verstorbenen Totenfeiern abgehalten. Vielleicht war in der Larnax des Kuppelraumes ein Diener oder eine Dienerin mitbestattet worden.

Nur wenig weiter nördlich vom Tholosgrab wurden noch weitere mykenische Gräber gefunden: einfache Schachtgräber mit Steinstelen, ähnlich denen vom mykenischen Festland.

Anemóspilia

Im Frühsommer 1979 führte Efi Sapouna-Sakellaraki mit Studenten der Universität Athen an den nordwestlichen Hängen des Júchtas eine routinemäßige archäologische Feldbegehung durch. In einer Höhe von etwa 440 m, dort, wo ein alter minoischer Saumpfad, parallel zu einer modernen Schotterstraße, einem nach Norden abfallenden Gelände in Form einer Spitzkehre folgt, sammelte die Archäologin höchst bedeutende Oberflächenfunde, u.a. ein Kulthorn aus Kalkstein. Die Funde veranlaßten sie und ihren Mann, an dem im Volksmund Anemóspilia (»Höhlen des Windes«) genannten Ort, am 9. Juli 1979 mit einer systematischen archäologischen Untersuchung des Geländes zu beginnen. Die Ergebnisse der Grabung, die noch im gleichen Sommer abgeschlossen werden konnte, waren für die Fachleute wie für die interessierte Öffentlichkeit gleich sensationell: Zum erstenmal wurde ein minoischer Tempel entdeckt, in dem – und dies war die eigentliche Sensation – zum Zeitpunkt der Zerstörung den Göttern ein Menschenopfer dargebracht worden war (Abb. 143, 144)! In diesem Zusammenhang dürften nun auch der Mythos von der Opferung der Iphigenie und die Quelle bei Plutarch, der bei der Lebensbeschreibung des Themistokles (Kap.13) von drei Menschenopfern im Jahre 480 v. Chr. spricht, eine ganz andere Bedeutung bekommen. Bis zu dieser Entdeckung hatte das minoische Kreta für eine Art friedliches Paradies gegolten, in dem Darstellungen vom Kriege oder anderer grausamer Szenen unbekannt waren. Weiblicher Geist, so glaubte man, sei verantwortlich dafür gewesen, daß den Minoern patriarchalisch-grausame Wesenszüge fremd gewesen seien. Und jetzt mußte man zur Kenntnis nehmen, daß in dieser Kultur Menschen geopfert worden waren!

Die sensationelle Entdeckung von Anemóspilia ließ aber weitere äußerst bemerkenswerte Funde und den genauen Fundzusammenhang in seiner Bedeutung unzureichend gewürdigt. Da ist z.B. das Kultgebäude selbst: der erste freigelegte minoische Tempel, bestehend aus drei Räumen mit einem im Norden vorgelagerten Korridor. Vor diesem Korridor befand sich wahrscheinlich ein umfriedeter Heiliger Bezirk, wie wir es auf dem Rhyton von Káto Zákros (Fig. 8) dargestellt sehen. Das Bauwerk war infolge irgendeiner (Natur-)Katastrophe eingestürzt und hatte gebrannt. Auf dem Fußboden des Korridors stießen die Ausgräber auf die erste Sensation: Sie fanden das bis dahin einzige nicht in einem Grab bestattete Skelett der minoischen Epoche. Wahrscheinlich handelt es sich um das Skelett eines Mannes, der offenbar auf der Flucht aus dem Tempel von dem zusammenstürzenden Gebäude erschlagen wurde. Vor diesem Skelett lagen die Scherben eines sehr schönen Kamáresgefäßes (Abb. 145), das mit einem weißen, mit roten Punkten bemalten Stier, der in einem Blütenmeer steht, reliefartig geschmückt ist. Mehr als 150 Gefäße wurden allein im Korridor gefunden (zwei davon mit Linear-A-Schriftzeichen); ganz im Westen entdeckte man sogar Knochen von einem Tieropfer. Nun wandten Efi und Ioannis Sakellarakis sich dem mittleren Raum zu, da sie vermuteten, er sei der wichtigste des Gebäudes gewesen. Sie fanden ganz im Süden, unmittelbar vor der Wand, die Reste eines monumentalen hölzernen Götterbildes: zwei Füße aus Ton und eine Reihe verkohlter Holzstücke (s. Rekonstruktionszeichnung, Abb. 144). Minoische Großplastiken waren wohl immer aus Holz gefertigt, und deshalb hat kaum etwas von ihnen die Zeiten überdauert. Noch die ersten Statuen der antiken Griechen waren hölzerne Götterbilder, Xoanon genannt. Von der minoischen Großplastik zeugen außer den Funden von Anemóspilia nur noch ein paar in Knossós gefundene große Marmorlocken, die sehr wahrscheinlich einer Holzstatue angepaßt waren. – Außer den Resten des Götterbildes enthielt der Mittelraum die meisten und schönsten der nahezu 400 in Anemóspilia gefundenen Gefäße. – Schließlich legten die Archäologen den östlichen Raum frei; in ihm befand sich weitere Keramik, sowohl auf als auch vor den Resten eines aus dem Felsen gearbeiteten Stufenaltars.

Der westliche Raum überraschte die Archäologen vom ersten Spatenstich an: Man fand nichts! Rein gar nichts. Schicht für Schicht wurde abgetragen, nicht eine Keramikscherbe oder sonstiges Fundmaterial wurde sichtbar. Erst als man den Raum nahezu bis zum Fußbodenniveau ausgegraben hatte, entdeckte das Ehepaar dann schließlich in der Südwestecke zuerst einen Menschenschädel, dann das dazugehörige Skelett und zwei weitere Menschenskelette.

Eines der Skelette war das eines Mannes, das zweite das einer Frau, die eindeutig dem Einsturz des Gebäudes zum Opfer gefallen waren. Von dem dritten Skelett glaubten die Ausgräber zunächst, daß es das eines Tieres sei, da es auf einer altarähnlichen Erhöhung lag. Als dann noch ein 40,6 cm langer Bronzedolch mit dem eingravierten Bildnis eines Mischwesens (Abb. 146) zwischen den Knochen gefunden wurde, schien der Fall klar: Offensichtlich handelte es sich hier um ein Tieropfer, das ein heraneilender Priester und eine Priesterin den Göttern dargebracht hatten, um ein schreckliches Erdbeben abzuwenden. Die Opferszene ähnelte jener, die auf der einen Seite des Sarkophags von Ajía Triádha dargestellt ist (Abb. 27). Doch bei der weiteren Freilegung der Knochen stellten die Ausgräber fest, daß sie nicht das Skelett eines Tieres, sondern das eines Menschen gefunden hatten! Drängend warf sich jetzt die Frage auf: War dieser Mensch tatsächlich wie der Stier auf dem Sarkophag von Ajía Triádha geopfert worden? Ioannis und Efi Sakellarakis zogen den Anthropologen Alexandros Contopoulos und den Gerichtsmediziner Antonios Koutselinis, Professoren der Athener Universität, hinzu, die beide zu folgendem Ergebnis kamen:

Auf dem Altar lag das Skelett eines ungefähr achtzehnjährigen, 1,65 m großen jungen Mannes. Den Kopf nach Süden gerichtet, lag er seitlich auf seiner rechten Schulter, während die Unterschenkel bis zum Gesäß abgewinkelt und gefesselt waren. Gestorben ist er höchstwahrscheinlich an Blutverlust. Hierzu seien folgende medizinische Fakten vorausgeschickt: Verbrennt ein Mensch (und das Gebäude von Anemóspilia hatte gebrannt!), bleiben seine Knochen weiß, wenn seine Adern blutleer sind, sie verfärben sich jedoch schwärzlich, wenn die Adern noch Blut enthalten. Dies liegt an dem in den ro-

ten Blutkörperchen enthaltenen Eisen, das bei Feuereinwirkung schwarz oxidiert. Der archäologische Befund des Skelettes zeigte, daß die obenliegenden Knochen der Herzseite weiß waren, während sie auf der rechten, unteren Seite geschwärzt waren. Daraus folgerte der Gerichtsmediziner, daß der junge Mann mit dem gefundenen Bronzedolch geschächtet worden ist, das heißt, jemand hat das Schwert in die Karotisarterie (Halsschlagader) der linken Seite gestoßen, worauf der junge Mann verblutete und sein Herzschlag zum Stillstand kam. Genauso ist der Stier auf dem Sarkophag von Ajía Triádha getötet worden. Das im Körper verbliebene Blut sackte dann in die untere, rechte Körperhälfte, wo es bei der Verbrennung des bereits toten Körpers die Knochen schwärzte. Der Befund des Gerichtsmediziners ist eindeutig und würde in jedem Feststellungsverfahren einer Todesursache vor Gericht anerkannt werden. Damit läßt sich mit einiger Wahrscheinlichkeit folgender Hergang rekonstruieren: Das gefundene Gebäude von Anemóspilia war ein Tempel der Zeit von Mittelminoisch II (dies beweist der Kamáresstil der gefundenen Keramik!). Eine fürchterliche Katastrophe kündigte sich durch Erdbeben an. Priester versuchten, die Gottheit durch Opfer zu besänftigen. Als die Erdstöße schlimmer wurden, griff man zum letzten Mittel: man opferte das Kostbarste, das Leben eines Menschen! Vielleicht war das Opfer ein Priester oder ein junger Prinz, der die Insignien des sterblichen Vegetationsgottes trug? Solche Bräuche sind von anderen Völkern, die eine Vegetationsreligion haben, bekannt. Schon M. P. Nilsson machte darauf aufmerksam: »In bezug auf den zu Opfernden und die näheren Umstände variieren die Mythen, fest steht der Anlaß des Opfers, Mißwachstum, Hungersnot, Dürre, gerade diejenigen Umstände, unter welchen die mythischen Menschenopfer dargebracht werden!«
Das Opfer wurde durchgeführt von dem etwa dreißigjährigen, 1,80 m großen Priester (!), dessen Skelett unmittelbar neben dem Altar lag, und der achtundzwanzigjährigen Priesterin. Der Priester trug einen Ring aus Eisen, das in der Bronzezeit einen wohl noch höheren Wert als Gold hatte. Ferner fand man bei seinem Skelett ein Halbedelsteinsiegel, auf dem ein Mann dargestellt ist, der ein Boot vorwärtsstakt. Der Mann im Korridor war möglicherweise auf der Flucht oder gerade unterwegs, das in dem kostbaren Gefäß mit dem Stierrelief aufgefangene Opferblut der Gottheit im Mittelraum darzubringen. Ein besonders heftiger Erdstoß muß in diesem Augenblick das Gebäude zum Einsturz gebracht haben. Die Öllampen, mit denen die Minoer ihre Gebäude zu beleuchten pflegten, fielen um und die Holzteile des Tempels gerieten in Brand.
Waren Menschenopfer nun die Regel im minoischen Kreta? Für Ioannis Sakellarakis ist dieses Menschenopfer »eindeutig eine ganz singuläre Opferhandlung«! Wir wissen es nicht, auch wenn englische Archäologen (nach dem Fund in Amemóspilia!) berichten, daß sie in Knossós Knochen von Kindern entdeckt haben wollen, die Spuren von Messern aufweisen, wie sie entstehen, wenn man bei einer Mahlzeit Fleisch von den Knochen schabt. Dies würde Kannibalismus bedeuten!
Man muß eine nachprüfbare Veröffentlichung der englischen Archäologen abwarten. Am Menschenopfer von Anemóspilia führt jedoch kein Weg vorbei. Bringt man – wie es Ioannis Sakellarakis tut – das singuläre Menschenopfer von Anemóspilia aber über die Datierung durch die Keramik in Verbindung mit der Erdbebenkatastrophe von 1700, die alle minoischen Zentren auf Kreta zerstörte, dann muß man es als Opfer in höchster Not, als ein letztes, verzweifeltes Mittel ansehen, mit dem die Priester die Katastrophe abzuwenden versucht haben, und dann kann es tatsächlich etwas für die gesamte minoische Epoche völlig Singuläres sein.
Vielleicht kann man in einem ähnlichen Sinne die Tontafel TN 316 aus Pylos interpretieren, auf der neben anderen Gaben für die Götter (unter anderen Zeus, Hera und »Potnia« = Herrin) auch Menschen aufgeführt zu sein scheinen, z.B. »für Potnia ein goldenes Gefäß, eine Frau«.
Nach Chadwick läßt die Tontafel, die den Eindruck macht, als wäre sie in großer Eile und Aufregung beschrieben worden, möglicherweise den Schluß zu, daß man auch im mykenischen Pylos kurz vor dessen Untergang gegen 1200, als vielleicht schon der Feind vor der Stadt stand, zu diesem letzten Mittel griff und den Göttern Menschen zu opfern beabsichtigte, die, wie die Tafel verzeichnet, herbeigebracht werden sollten.

Zákros

An der Ostküste Kretas liegt an einer kleinen Bucht mit einem guten Naturhafen die Ausgrabung von Káto Zákros/Sitía (Abb. 94). Wenige hundert Meter südlich des Ausgrabungsgeländes verläuft landeinwärts die Zákros-Schlucht, die nach den dort gefundenen minoischen Höhlenbestattungen auch »Tal der Toten« (Abb. 93) genannt wird.
Bereits 1852 beschreibt der englische Reisende Thomas A. E. Spratt archäologische Überreste aus diesem Gebiet; Ende des 19. Jh. waren dann den italienischen Archäologen Halbherr und Mariani bei einem Besuch in Zákros gutbehauene Steine aufgefallen, von denen sich viel später herausstellte, daß sie zu einem minoischen Palast gehörten. Die beiden Italiener hatten bei ihren Sondierungen außerdem schon minoische und mykenische Keramik gefunden. Auch A. Evans besuchte bereits die-

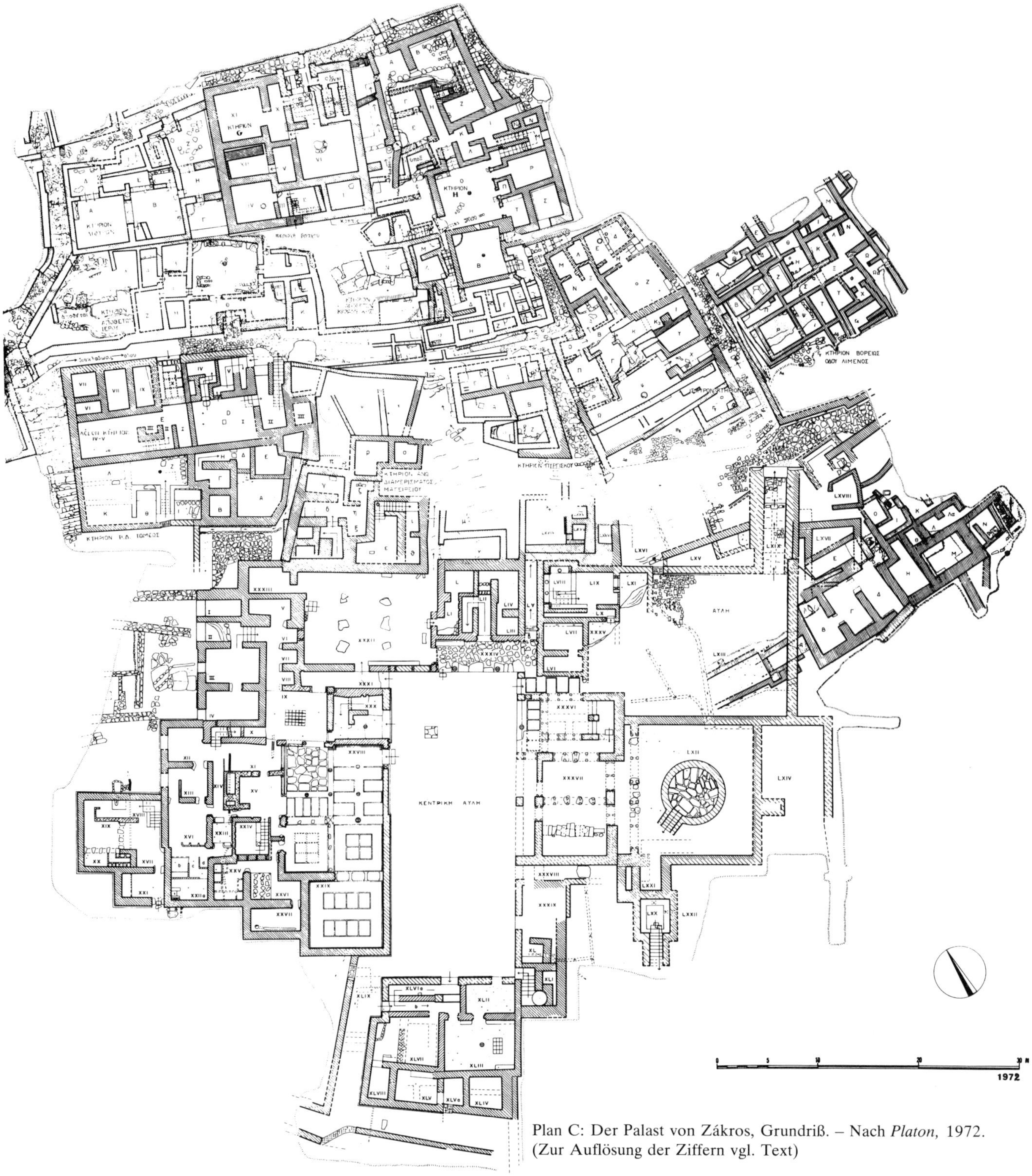

Plan C: Der Palast von Zákros, Grundriß. – Nach *Platon,* 1972. (Zur Auflösung der Ziffern vgl. Text)

sen Ort, ehe der Engländer Hogarth 1901 eine kleinere Grabung durchführte, bei der er nur unbedeutende Räume freilegte und daraufhin das Projekt aufgab. Erst 1961 begann Nikolaos Platon unter Mitarbeit von Ioannis Sakellarakis mit der systematischen Ausgrabung und legte nach Knossós, Festós und Mália den vierten minoischen Palast frei. Die Ausgrabungen der den Palast umgebenden Stadt dauern noch an.

Der Palast von Zákros ist wesentlich kleiner und weniger solide gebaut als die übrigen bisher gefundenen Anlagen, zeigt aber die typische Palastarchitektur der Minoer. Er ist in eine Senke mitten in eine Stadt hineingebaut, die sich vor allem nördlich und östlich von ihm den Hang hinaufzieht. Nach seiner Zerstörung scheint der Palast nicht geplündert worden zu sein, und deshalb kamen in Zákros reichere und wertvollere Funde zu Tage als in den anderen Palästen. Während er nur von 1600 bis 1450 existierte, ist der Platz selbst schon seit Frühminoisch III (2200) besiedelt gewesen. Nach der Zerstörung der minoischen Anlage haben hier Mykener Gebäude errichtet,

jedoch nicht direkt über dem Palast, sondern weiter landeinwärts (nahe der orthodoxen Kapelle), nördlich von ihm. Die Erforschung dieser Gebäude, die schon Hogarth vorgenommen hatte, förderte Waffen, Gefäße und Tonsiegel zu Tage und belegte damit die Bedeutung des Platzes noch in der mykenischen Zeit.
Auch dieser minoische Palast ist um einen Zentralhof herum orientiert, der allerdings nur ein Rechteck von 30×12 m Größe bedeckt. Seine Abweichung aus der Nord-Süd-Achse ist stärker als bei den anderen Palästen. Westlich des Zentralhofes befinden sich der Eingang *XXXI*, das Treppenhaus *XXX* und die beiden großen Hallen XXVIII (mit gepflastertem Lichthof in der Nordwestecke) und *XXIX* (Abb. 95). Säulen, deren Steinbasen erhalten sind, stützten in allen Gebäudeflügeln das Obergeschoß. Eine »Vieltürenwand« (Polythyron) im Süden trennte die beiden Säle voneinander. In den Boden sind dünne Kalkstreifen eingelegt, die den Raster für eine Fußbodendekoration darstellten. Hier sind auch heruntergefallene Stuckverzierungen gefunden worden. Alles in allem vermitteln diese Räume einen sehr repräsentativen Eindruck, so daß Platon sie phantasievoll als »Zeremonienzimmer« und »Gelagehalle« bezeichnet hat. In ihnen fand er die Bruchstücke eines Rhytons mit der Darstellung eines Bergheiligtums (Fig. 8).
Über den Raum *IX* gelangt man nahezu in alle Bereiche des Westflügels: Von hier aus führt ein Gang in die Magazine *I–VIII,* in denen 24 Pithoi und viele kleine Gefäße schöner Machart gefunden wurden, und in die von hier aus südlich gelegenen Räume des Palastheiligtums *(XXIII und XXIV)* mit der Schatzkammer *(XXV).*
Platon interpretiert den Raum *XXIII* aufgrund der zwei kleineren Bänke als Heiligtum. In dem Kultbassin *XXIV* lagen eine sehr schöne große Amphore aus Stein (Fig. 28) und karbonisierte Früchte, vielleicht Hinweise auf einen hier abgehaltenen Kult. In den weiteren Räumen dieses Palastteils entdeckte Platon die wertvollsten Objekte: Drei Elefantenstoßzähne, sechs Kupferbarren, verschiedene Trankopfergefäße und Amphoren, aber auch Werkzeuge (Sägeblätter u.a.; ein Amboß und ein Hammer aus Stein) und zwei Schwerter mit Goldnägeln wurden freigelegt. Einiges wird aus dem Obergeschoß herabgestürzt sein. Besonders Raum *XXV* (Abb. 97) war reich an Funden: Tongefäße, steinerne Rhyta, Marmorprunkäxte, Doppeläxte aus Metall, Einlegearbeiten aus Fayence, Bergkristall und Elfenbein. Von ganz besonderer Bedeutung ist die in zweifacher Hinsicht künstlerisch wertvolle Bergkristallvase der Schatzkammer *(XXV)* des Palastes (Abb. 99): Zum einen ist sie ein Meisterstück der minoischen Steinschneidekunst, zum anderen stellt sie eine Meisterleistung der Restaurateure dar, die sie aus mehr als 300 Einzelstücken wieder zusammenfügten.
Die Räume *XXVI* und *XXVII* scheinen Werkstätten gewesen zu sein. Sie enthielten unter anderem 15 kleine Vorratspithoi. *XVI* war wohl der Archivraum, denn von den 15 Linear-A-Täfelchen aus Zákros wurden 13 hier gefunden. – Die Raumgruppe *XVIII–XXI* bildet im Südwesten einen separaten Werkstattkomplex, der vom Palast aus vielleicht über eine Treppe vom Obergeschoß erreicht werden konnte.
Die südlich des Zentralhofes gelegenen Räume *XLII–XLVIII* bilden wiederum einen Raumkomplex für sich allein! Wahrscheinlich waren auch hier Werkstätten untergebracht, wie es Rohmaterial und Fertigprodukte aus Elfenbein, Halbedelstein und Bergkristall vermuten lassen. Merkwürdig geformte Tongeräte sollen nach Platon zur Gewinnung ätherischer Öle gedient haben.
Der Ostteil des Palastes ist leider durch Erosion und Akkerbau am stärksten zerstört. Es lassen sich jedoch noch die zwei Räume *XXXVI* und *XXXVII* mit ihrer Fassade zum Palasthof hin erkennen, die an die repräsentativen Räume in Knossós und Festós erinnern. Der Ostflügel enthielt insgesamt drei gefaßte Quellen oder Brunnenanlagen: *XLI, LXX* und *LXII.* Die größte dieser Anlagen *(LXII)* befindet sich in der Mitte eines nahezu quadratischen Hofes. Das Becken ist kreisrund, mißt 7 m im Durchmesser und kann über eine Treppe mit 8 Steinstufen betreten werden. Aufgrund gefundener Säulenbasen nimmt Platon an, daß dieses Wasserbecken möglicherweise überdacht war. Die Funktion dieses wie der anderen Becken des Ostflügels ist unklar, doch scheinen sie im Zusammenhang mit einem kultischen Gebrauch zu stehen, denn in ihnen fanden sich Gefäße mit vom Wasser konservierten Oliven und Trauben sowie Bimsstein; möglicherweise waren dies alles Opfergaben.
In der Nordostecke des Palastes befindet sich ein sehr gut erhaltenes Lustralbassin *(LVIII)*. Die Stukkatur der

Fig. 28 Steinamphore mit ausladenden Henkeln aus dem Palast von Zákros, geäderter, stellenweise rot gefleckter Marmor. Spätminoisch I, um 1500/1450 v. Chr. Archäologisches Museum Iráklion

Wände und deren Bemalung ist noch deutlich zu erkennen. – Die von zwei Säulen getragene Vorhalle *XXXIV* an der Nordseite des Palasthofes führt in den Treppenhauskomplex *L–LIV*. Der große Raum *XXXII* westlich davon mit sechs rudimentär erhaltenen Pfeilerbasen enthielt Tierknochen und rußgeschwärztes Gerät, weshalb ihn Platon als Palastküche bezeichnete.

Hinter diesen zuletzt genannten Räumen zieht sich im Norden die minoische Stadt den Hang hinauf, und gerade in Zákros ist es besonders gut zu erkennen, daß die Häuser direkt an den Palast herangebaut sind. Im einzelnen ist es jedoch schwer zu unterscheiden, wo der Palast aufhört und die Stadt beginnt. Der Palast ist vornehmlich von seiner inneren Baulogik her, etwa vom Zentralhof aus, als solcher zu erkennen; wie bei den Minoern üblich, wurde auf die Gestaltung einer geradlinigen, betonten Außenfassade verzichtet. Auch die anderen Stilelemente der minoischen Architektur – in die Ecken verlegte Eingänge, geschlossene Raumeinheiten, Lichthöfe und in Polythyron aufgelöste Wände – finden wir in Zákros wieder. Nur der sonst übliche Westhof mit den Prozessionspfaden fehlt.

Über die Stadt und die Funde in ihr ist bislang noch kein exakter Grabungsbericht publiziert; es heißt aber, Platon habe in ihren Gebäuden Werkstätten gefunden, unter anderem auch Reste einer Bronzegießerei. Eine Klärung über die politische und wirtschaftliche Bedeutung des Palastes läßt sich noch nicht verbindlich beschreiben. Der Palast scheint aber seiner Funktion nach weniger ein landwirtschaftliches Zentrum gewesen zu sein, wie wir an der geringen Zahl seiner Magazine und Vorratspithoi ablesen können. Der Osten Kretas ist heute wie damals nicht besonders fruchtbar, so daß Landwirtschaft als Existenzgrundlage des Palastes ausscheidet. Eher war der Palast Produktions- und Exportzentrum von Kunsterzeugnissen, die ja in so großer Zahl und außerordentlicher Qualität hier gefunden wurden. Andererseits deuten vor allem die hier gefundenen Elfenbeinzähne auf Rohstoffimporte hin. Die relative Nähe zur syrisch-libanesischen Küste, nach Zypern und Ägypten mag bei der Anlage des Palastes die Hauptrolle gespielt haben. Die Bucht von Zákros ist neben der von Palékastro, einige Kilometer weiter nördlich, der beste Naturhafen am Ostende Kretas, auch in diesem Küstenbereich befand sich folgerichtig eine stadtähnliche Siedlung (Heleia) der Minoer.

Anschließend noch eine Anmerkung zu dem Namen »Zákros«. Ob das Wort griechisch ist oder vorgriechisch, ist unbekannt; somit wissen wir nicht, ob bereits die Minoer ihren Palast »Zákros« genannt haben. Allerdings werden unter den Seevölkern, die Ramses III. im Jahre 1176 besiegte, auch die »Zakarú« genannt, womit vielleicht Leute aus Zákros gemeint sein könnten, die sich in den Wirren des Untergangs der ägäischen bronzezeitlichen Kulturen an den Beute- und Eroberungszügen der Seevölker beteiligten.

Ajía Triádha

Mitten in der Messará, auf genau jenem langgestreckten Höhenzug, auf dem sich auch der Palast von Festós befindet, liegt rund 3 km westlich von diesem ein weiteres palastähnliches Grabungsgelände aus der minoischen Epoche. Eine byzantinische Kapelle mit dem Patrozinium des Ajios Jeórjios aus dem Jahre 1302 erinnert noch an eine Ortschaft, die einst hier gestanden hat und noch 1836 in der Bevölkerungsstatistik von R. Pashley als Ajía Triádha (»Heilige Dreifaltigkeit«) mit »6 christlichen Familien« aufgeführt ist. Der minoische Name dieser Anlage ist weder im Volksmund noch in irgendeiner mythischen Überlieferung erhalten, so daß die Archäologen diese minoische »Villa« Ajía Triádha nennen. Von 1902 bis 1914 haben hier italienische Archäologen die sogenannte Villa von Ajía Triádha ausgegraben (Abb. 24). Diese Villa entstand kurz nach 1600 an der Stelle einfacher Vorgängerbauten des Neolithikums und der früh- bis mittelminoischen Zeit und wurde gegen 1450 zerstört. Danach errichteten Mykener auf den Trümmern der minoischen Anlage ein megaronähnliches Gebäude und weiter im Nordosten die Agora mit ihren vielen Raumgruppen. In der Zeit nach der Zerstörung von Festós scheint also die minoische Hafenstadt Ajía Triádha unter mykenischer Herrschaft eine größere Bedeutung erlangt zu haben.

Die minoische Villa hat die Grundrißform eines nach Nordwesten geöffneten Winkels und ist in Funktionsbereiche unterteilt. Bei dieser Anlage fällt auf, daß erstmals die architektonische Mitte, der minoische Zentralhof, fehlt. Die Räume *2, 3, 4* sind durch Polythyra, Lichthöfe und eine offene »Terrasse« gegliedert. In Raum *4* wurden Fresken entdeckt, außerdem Linear-A-Täfelchen und Siegel. In den Räumen östlich von Raum *4* fanden die Italiener 19 Bronzebarren von je 29 kg Gewicht. Treppenanlagen beweisen, daß ein Obergeschoß vorhanden war. Den nach Süden zu anschließenden Trakt *5* bilden Werkstätten und Magazine, die Keramik und einen sehr schönen Rapportbecher aus Steatit enthielten. Östlich anschließend folgen zunächst Magazine *(7)* mit in situ eingelassenen Pithoi, dahinter dann nochmals ein Komplex repräsentativerer Räume mit Polythyron und Treppen. Der gesamte Bereich *6* und *7* ist in der mykenischen Zeit überbaut worden. Aus wesentlich dickeren Mauern haben die Mykener ein Megaron errichtet, das sich deutlich von den minoischen Grundrissen abhebt. Reste des mykenischen Abwassersystems durchschnei-

Plan D: Die Villa von Ajía Triádha. 1: Haupthof, der Mittelpunkt des öffentlichen und religiösen Lebens. Westlich davon das Haupt-Wohnquartier mit großem, vieltürig sich öffnendem Repräsentationsraum, Polythyron (2) und weiteren Räumen (bei 3); 4: Büro und Archiv des Palastherrn; 5: Raumkomplex mit Magazinen; 6: Weiteres Wohnkompartiment mit drei Polythyra; 7: Korridor mit anschließenden Magazinen, gefüllt mit Reliefpithoi; 8: Zwei spätminoische Heiligtümer; 9: Trakt der Palastbediensteten; 10: Der Markt. Acht Magazine (wohl ursprünglich zweistöckig), davor die große Halle, an deren Nordwestseite Pfeiler mit Säulen im Wechsel stehen. Davor und darunter, gegen Nordwesten, die Siedlung. – In Anlehnung an *Luisa Banti,* 1941/43.

den noch heute das Gelände und die minoischen Grundmauern (Abb. 25). Ganz im Süden, östlich der Ajios-Jeórjios-Kapelle, erstreckt sich ein Hof *(1),* den die Italiener »Hof der Altäre« nannten, da hier eine große Anzahl von Kultgegenständen gefunden wurde. Darunter befanden sich menschengestaltige Idole und Tierfiguren, Schrifttäfelchen und weitere schöne Steatitgefäße, wie die sogenannte Schnittervase (Fig. 29). Auf ihr ist umlaufend in Relieftechnik ein Zug von Menschen dargestellt, die nicht sicher zu identifizierende Objekte, vielleicht Geräte für Erntearbeiten auf den Schultern tragen. Einige dieser Menschen musizieren und singen.

Östlich des »Hofes der Altäre« haben die Archäologen Reste minoischer Wohnhäuser *(9)* freigelegt, aber auch ein wohl mykenisches Heiligtum *(8)* der Nachpalastzeit mit einem Fußbodenfresko. Die hier gefundenen Kultobjekte stammen vornehmlich aus der mykenischen Epoche. Auch im nördlichen Stadtbereich sind Grundrisse minoischer und mykenischer Wohnhäuser ans Licht gekommen, z. B. der große, mehrfach abgewinkelte Freiraum mit seinen acht Magazinräumen im Osten *(10),* den die Ausgräber als Markt (Agora) ansehen.

Fig. 29 Sogenannte Schnittervase aus dem Palast von Ajía Triádha: Zug des Gefolges. Schwarzer Steatit. Spätminoisch I, um 1550/1500 v. Chr. Archäologisches Museum Iráklion

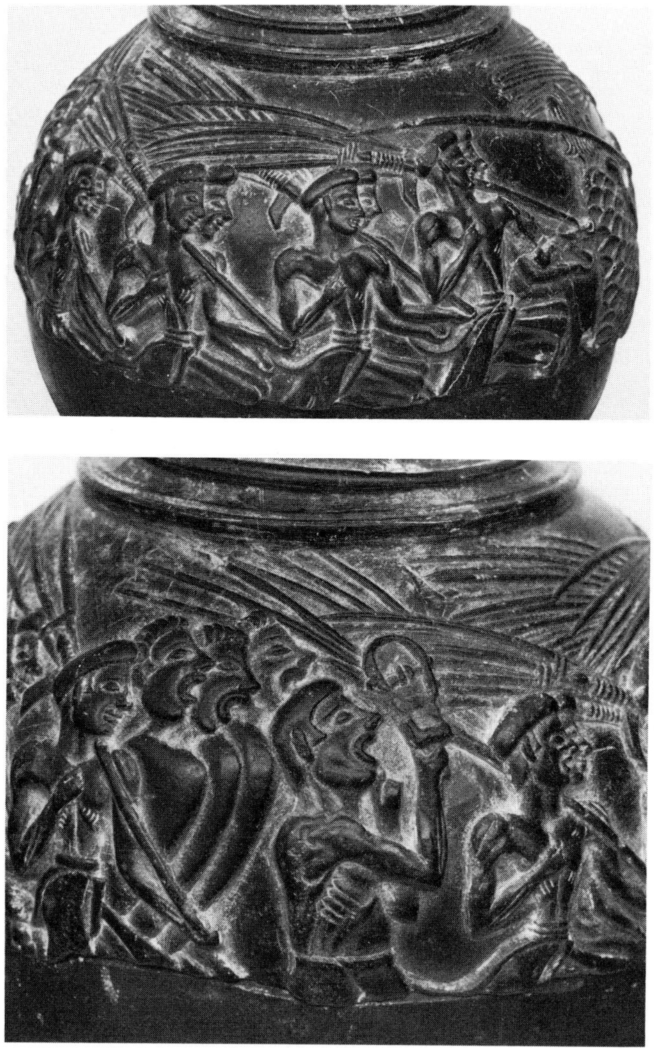

Die bisweilen aufgestellte Hypothese, die »Villa« von Ajía Triádha sei die Sommerresidenz der Herrscher von Festós gewesen, erscheint sehr unwahrscheinlich, denn recht offensichtlich dienten große Teile der Anlage täglich-praktischem Gebrauch: die Archive, Magazine und Werkstätten sprechen eine deutliche Sprache. Ungewiß ist noch, ob die »Villa« vielleicht das Verwaltungs- und Wirtschaftszentrum der sie umgebenden, vom nahegelegenen Festós unabhängigen Siedlung war oder ob die Stadt von Festós sich über den ganzen Hügel hin bis hierher ausdehnte. Im letzteren Falle wäre das Zentrum der »Villa« eher als eine Art Herrenhaus einer wichtigen Persönlichkeit oder Familie dieser (Hafen-?)Stadt anzusehen, deren eigentliches Zentrum Festós bildete.
Wenige hundert Meter nordöstlich der minoischen und mykenischen Anlagen entdeckten die Archäologen die Nekropole von Ajía Triádha. Aus der minoischen Zeit stammen die Reste zweier Rundgräber (das größte hat 9 m Durchmesser), die von der frühminoischen bis in die spätminoische Zeit benutzt worden sind. In diesen Rundgräbern und den angebauten Ossuarien lagen nahezu 150 Skelette und viele Objekte des Totenkults. Nur wenig südlich befand sich die mykenische Nekropole mit ihren Kammergräbern; in einem dieser Kammergräber wurde der weltberühmte und einzigartige Sarkophag von Ajía Triádha entdeckt (Abb. 26, 27), der bereits mehrfach im Zusammenhang mit dem Stier- und Totenkult besprochen worden ist.

Wathípetro

Südöstlich des Berges Júchtas, 4 km südlich von Archánes, liegt inmitten von Weinbergen auf einem kleinen Hügel mit weitem Blick ins Land die Ausgrabung des minoischen Weinguts von Wathípetro/Témenos (Abb. 71). Zufällige Oberflächenfunde von Bauern aus Archánes hatten 1949 den griechischen Archäologen S. Marinatos veranlaßt, dieses Gelände archäologisch zu untersuchen. Die Grabungsergebnisse zeigen, daß der freigelegte Bau etwa gegen 1580 errichtet wurde; jedoch gelangten nur der West- und Südflügel zur Ausführung, und nur diese Raumgruppen wurden benutzt. Der Rest der ziemlich sicher größer geplanten Anlage wurde nie vollendet, die bereits fertiggestellten Teile sind um 1550 zerstört worden. Noch heute ist in dieser Region der Boden geologisch sehr instabil; so mögen wohl Erdbeben die Gründe für Zerstörung und Aufgabe des Platzes gewesen sein.
Die heute sichtbaren Grundrisse zeigen deutlich zwei Gebäudeflügel mit rund 15 Räumen im Westen und Süden und eines wahrscheinlich nur teilweise freigelegten Hofes. Auch hier fällt wieder das Vor- und Zurückspringen der Fassaden auf, wie es für die minoische Architektur so charakteristisch ist. Die erhaltenen Mauern bestehen teils aus aufeinandergeschichteten Feldsteinen, die ehemals verputzt waren, teils aber auch aus behauenen und sorgfältig ineinandergefügten Quadern. An manchen Stellen sind die Mauern fast einen Meter dick.
Der wichtigste Bereich der Gesamtlage befindet sich im Nordosten. Eine kleine Vorhalle *(1)* mit drei Säulen, deren steinerne Basen erhalten sind, öffnet sich nach Osten. Davor auf dem Hof ist ein rechteckiges Fundament mit einem nach Osten vorspringenden mittleren Bauteil erkennbar, so daß sich im Grundriß deutlich eine »Dreiteilung« abzeichnet. Darin befinden sich runde steinerne Basen und Aussparungen, die wohl dazu dienten, Holzsäulen aufzunehmen. Marinatos sieht hierin die Überreste eines Heiligtums mit einer dreiteiligen »Kultfassade«, wie wir es ähnlich in einer kleinen Terrakotta aus Knossós und auf Fresken (Abb. 46) dargestellt finden, die sich heute im Museum von Iráklion befinden. Auf den Säulen dieser Darstellungen sitzen Tauben bzw. Vögel, die wohl

die Anwesenheit einer (Himmels-?)Gottheit symbolisieren sollen.
Der Raum mit seinen zwei Pfeilern *(4)*, der heute wieder überdacht ist, zeigt 16 in situ belassene Pithoi (Vorratsgefäße), wie wir sie aus den großen minoischen Palästen kennen. Folglich bezeichnet man diesen Raum als Lagerraum, in dem Saat- oder Erntegut untergebracht war. Weiter nach Süden schließt eine Halle *(7)* an, in der vier Pfeilerbasen erhalten sind.
Von dem winkelförmigen kleinen Innenhof *(8)*, in dessen Boden Reste eines Wasserleitungssystems (zum Sammeln des von den Pultdächern fließenden Regenwassers?) erhalten sind, führten ehemals acht Stufen einer Treppe *(9)* ins Obergeschoß. Dadurch wird ein Obergeschoß des Baues zumindest hier im Südflügel belegt. Auch der Raum *10* mit seinem sorgfältig gearbeiteten Steinfußboden und zwei Pfeilern ist heute wieder überdacht; er enthält eine hervorragend erhaltene Weinpresse (Fig. 30): In einem erhöhten Tongefäß wurden die Trauben (mit den Füßen?) zerstampft, so daß der Saft durch einen Ausfluß in ein tiefergelegenes Gefäß fließen konnte, aus dem er dann abgeschöpft wurde. An der Nordwestecke der Anlage befindet sich noch eine steinerne Olivenpresse. Weitere interessante Funde der Ausgrabung sind in einer Vitrine des Raumes mit der Weinpresse untergebracht, darunter einfach gehaltene Gebrauchskeramik und vor allem durchlöcherte, runde Tongegenstände mit Einkerbungen, die wahrscheinlich als Webgewichte dienten. Andere Funde legen die Vermutung nahe, daß die Anlage auch über eine Töpferei mit Brennofen verfügt hat.
Interpretiert man die Funde in ihrer Gesamtheit, so erkennt man in dem Gebäude ein landwirtschaftliches Produktionszentrum mit Töpferei, Weberei, Lagerräumen und Weinkelter. Bereits vor dreieinhalbtausend Jahren wurde also in der Gegend von Archánes, in der noch heute einige der besten Rebsorten Kretas wachsen, Wein angebaut. Ähnliche »Gutshöfe« oder »Landhäuser« der minoischen Zeit sind an mehreren Orten der Insel gefunden worden.

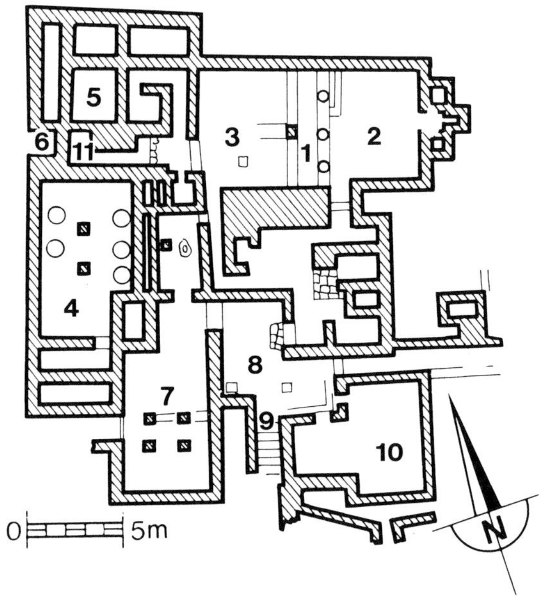

Plan E: Das Herrenhaus von Wathípetro. 1: Vorhalle mit drei Säulen; 2: Hof mit östlich anschließendem »dreiteiligen Heiligtum«; 3: Hauptsaal des Herrenhauses; 4: Zwei-Pfeiler-Saal mit in situ gefundenen Pithoi; 5: Magazin- und Nebenräume; 6: Kultnische für Opferungen im Freien; 7: Vier-Pfeiler-Saal, wohl als Vorratsraum genutzt; 8: Innenhof; 9: Treppe ins Obergeschoß; 10: Magazin mit Pithoi, Gebrauchskeramik und einer intakten Weinpresse; 11: Kultgrotte oder Schatzkammer, in der die bedeutendsten Funde gemacht wurden. – Nach *J. D. S. Pendlebury*, 1933/1954

Fig. 30 Weinpresse im Herrensitz von Wathípetro, in situ

Gurniá

Den Namen Gurniá (»Krüge«) haben Einwohner der Gegend einem kleinen Hügel an der Küste der Bucht von Merambéllo, 19 km östlich von Ajios Nikólaos gegeben, und zwar deshalb, weil hier immer wieder Krüge zwischen den Steinen zutage traten. Der Fund eines minoischen Siegels veranlaßte dann die Amerikanerin Harriet Boyd-Hawes bereits 1901–1904, den Hügel archäologisch zu untersuchen. Sie entdeckte eine minoische Stadt! Der niedrige Hügel in wenigen hundert Metern Entfernung von der See, wo sich ein guter Ankerplatz befindet, ist schon seit der frühminoischen Epoche besiedelt gewesen. Die Stadt, deren Reste wir heute sehen, entstand ungefähr 1600 und wurde 1450 zerstört. Reste der folgenden mykenischen Zeit belegen eine Siedlungskontinuität, jedoch scheinen in dieser Epoche nur sehr wenige Gebäude bestanden zu haben.
Im Zentrum der Stadt, oben auf dem Hügel, befand sich ein kleiner Palast und südlich davon ein freier Platz

(Agora?) mit einer abgewinkelten Treppenanlage, die jener aus dem Palast von Knossós ähnelt. Eine kleine Treppenanlage führte vom Platz in den Palast, dessen Mauern im Gegensatz zu denen der einfachen Häuser aus behauenen Quadern errichtet waren. Leider sind die Gebäudereste gerade auf dem Gipfel des Hügels durch Erosion sehr stark zerstört, aber einige Grundrisse, die in ihren Details wie einfachere Varianten der Architektur der großen Paläste anmuten, sind noch deutlich zu erkennen. Im Westteil des Palastes sind die Magazinräume noch recht gut erhalten.

Zwei Ringstraßen verlassen den Platz und verlaufen parallel zu den Höhenlinien des Hügels durch und um die Stadt. Verbunden sind sie an einigen Stellen durch radiale Straßen, die den Hang hinunterlaufen. Diese Straßen sind mit großen Steinen gepflastert und nur 1,50–2,00 m breit; mal verengen sie sich, mal weiten sie sich zu platzartigen Freiräumen, von denen dann kleine Treppenanlagen die Wohnbereiche erschließen. Oftmals sind von den Häusern nur die Kellergeschosse erhalten, die wohl als Vorratsräume dienten. Die Mauern der Häuser haben Fundamente aus Feldsteinen, auf denen sich ehemals Lehm(ziegel?)wände erhoben. Diese sind freilich nicht erhalten, aber die von Vulkanasche konservierten zeitgleichen Häuser von Akrotíri auf Santorín zeigen diese Bauweise. – Ein typischer Hausgrundriß befindet sich an der nordöstlichen Ecke der Stadt, südlich der hangaufwärts führenden Radialstraße. Der Eingang führt auf einen gepflasterten Innenhof, um den herum sich die kleinen Räume orientieren. Im Innenhof sind Reste der Kochstelle erhalten. Die meisten der Häuser werden ein Obergeschoß gehabt haben, wie es abermals die Ausgrabung auf Santorín und Treppenfragmente von Gurniá belegen. In den Häusern wurden neben einfacher Keramik des täglichen Gebrauchs acht Töpferscheiben, mehrere Zimmermannswerkzeuge wie Sägen und Hämmer, Wein- und Olivenölpressen und anderes mehr gefunden.

Die Ausgrabung zeigt uns das Bild einer kleinen bronzezeitlichen Stadt, die ähnlich verschachtelt und eng am Hang gelegen hat wie die heutigen Dörfer Kretas oder der Kykladen. Die Häuser waren klein, doch das sind sie heute noch: Heute wie damals spielt sich das Leben in Griechenland weniger in den Häusern als im Freien ab. Der kleine Palast auf dem Gipfel des Hügels wird der Sitz des örtlichen Herrschers oder der lokalen Verwaltung gewesen sein. Bemerkenswerterweise reicht auch hier die Stadt in typisch minoischer Weise direkt an den Palast heran. Es ist kein Respektabstand gewahrt, wie wir ihn in Analogie zu anderen Kulturen vielleicht erwarten würden. Auch hier fehlen wieder alle Spuren einer Befestigung!

Akrotíri auf Santorín

Die Entdeckung der bronzezeitlichen Stadt auf Santorín gehört zu den Sternstunden der Archäologie des ägäischen Kulturraumes: Unter bis zu 10 m dicken Aschenschichten des Vulkanausbruchs aus der Zeit um 1500 war eine Stadt vollständig konserviert worden. 1967 begann der griechische Archäologe Spyridon Marinatos im Südwesten der sichelförmigen Insel, 600 Meter südlich des heutigen Dorfes Akrotíri, mit den Grabungen, die er bis zu seinem Unfalltod am Grabungsort (am 1. Oktober 1974) mit aller Intensität und wissenschaftlicher Akribie fortsetzte. Heute leitet sein Nachfolger Christos G. Doumas die Ausgrabung, die immer noch in ihrem Anfangsstadium steht; die Archäologen rechnen mit einer Grabungskampagne, die sicherlich ein Jahrhundert und mehr Zeit in Anspruch nehmen wird.

Bereits im Jahre 1870 führten die beiden französischen Forscher Gorceix und Mahmet erste Untersuchungen an dieser bronzezeitlichen Stätte durch. Bislang ist erst ein Areal von rund 150 × 35 m der Stadt, die sehr viel größer gewesen sein muß, freigelegt.

Die ältesten Siedlungsspuren datieren aus der frühkykladischen Zeit, die der frühminoischen Epoche entspricht. Der mittelkykladischen Zeit entstammen unter anderem kretische Kamáresvasen, die die Verbindung zu Kreta schon zur Zeit der Alten Paläste beweisen. Die freigelegte Siedlung wurde im wesentlichen nach einer Zerstörung der ganzen Insel (durch ein Erdbeben?) gegen 1560 errichtet; in ihr fand sich vor allem spätkykladische (Fig. 31), aber auch importierte Keramik, unter der die Spätminoisch-I a-Keramik des Florastils (Fig. 32) sehr häufig vertreten ist. Um 1500 erfolgte die endgültige Zerstörung der Stadt. Zunächst warnten wohl Erdbeben die Bewohner, so daß sie den Ort verlassen konnten; denn wie bei den minoischen Palästen auf Kreta wurde bisher kein einziges Skelett gefunden. Nur einige Gebäude stürzten ein. Es muß dann eine Phase der Ruhe gegeben haben, weil sich eindeutige Indizien nachweisen lassen, daß man mit Aufräumarbeiten begonnen hatte. Dann erfolgte der Vulkanausbruch. Eine Bimssteinschicht bedeckte die Siedlung meterhoch, dann erst geschah die fürchterliche Katastrophe: Die beim Ausbruch herausgeschleuderten Asche- und Lavamassen hinterließen große Hohlräume unter dem Meeresboden, die einbrachen oder in die Wasser eindringen konnte, wobei es durch den Kontakt zwischen Wasser und glühendem Magma zu einer gewaltigen Explosion kam. Der gesamte Gipfel der Vulkaninsel wurde weggesprengt oder brach ein. Die heutige Caldera ist damals entstanden: nur der

Fig. 31 Kykladische Keramik: Warzenkanne mit Schwalbendekor aus Santorín (Thera). Um 1500 v. Chr. Athen, Nationalmuseum

Fig. 32 Hohes Ausgußgefäß mit Schilfdekor (Florastil) aus Santorín (Thera). Spätminoisch I a, um 1500 v. Chr. Athen, Nationalmuseum

östliche ringförmige Außenteil der Insel blieb erhalten (Fig. 33).

Zwischen schmalen, gepflasterten Straßen und an harmonisch proportionierten Plätzen erheben sich zwei- bis dreistöckige Hausfassaden (Abb. 156), die meist in der Art der minoischen Architektur als unregelmäßig begrenzte Raumkomplexe erscheinen, wie es die Grabung zeigt. Die Wände sind im Sockelbereich aus Feldsteinen ausgeführt, darüber erhebt sich ein fachwerkähnliches Stroh-Lehm-Gefache mit einer soliden Holzkonstruktion. Die Geschoßdecken bestanden wohl ehemals aus Holzbalkenlagen, auf denen eine Lage Zweige oder Schilf und darüber festgetretene Erde ausgebreitet war. Die Fußböden der Erdgeschosse waren entweder aus der gestampften Erde oder aus verlegten Schieferplatten gebildet; bisweilen finden sich auch Kieselmosaiken oder zerstoßene Muscheln, die den Fußböden perlmuttartigen Glanz verliehen. Die Häuser scheinen wohl in der Regel flach gedeckt gewesen zu sein, wobei die Konstruktion der Dächer wahrscheinlich jener der Zwischengeschosse ähnlich war.

In den Erdgeschossen befanden sich Vorratsräume (Abb. 162, 163) und Werkstätten. Fast in jedem Haus ist eine Mühlenanlage gefunden worden, woraus man schließen muß, daß die Bewohner der Häuser ihr Getreide selber gemahlen haben. Bisweilen wurden in den Erdgeschossen auch Toiletten entdeckt, die mit der Abwasserkanalisation unter den Straßen in Verbindung standen. Meist erhielten die Erdgeschosse ihre Belichtung nur von kleinen Fenstern, die oft direkt neben den Türen angebracht waren und heute restauriert wurden. Auch repräsentative Eingänge wurden gefunden, wie etwa Propylonanlagen. Die in die Obergeschosse führenden Steintreppen sind noch erhalten (Abb. 160); an ihnen erkennt man besonders deutlich die ungeheure Kraft der Zerstörung, die hier gewirkt hat: Alle Steinstufen sind in der Mitte wie Streichhölzer zerbrochen. In den Obergeschossen befinden sich durch große Fenster belichtete Räume, von denen die meisten mit kostbaren Wandmalereien geschmückt waren. Diese wurden auf den Kalkmörtelputz der Wände aufgetragen, und zwar nicht immer unmittelbar auf den noch feuchten Mörtel, wie es der Freskotechnik entspricht, sondern auf den geglätteten Mörtel. Strenggenommen müssen wir also bei diesen wie bei den minoischen und mykenischen Wandmalereien nicht von Fresken, sondern von Malereien sprechen.

Oft zeigen die Malereien aus den Häusern von Akrotíri Pflanzen, z. B. die Strandnarzissen (pancratium maritimum) aus dem Zimmer *1* des sogenannten Frauenhauses (Abb. 164), oder Landschaft, wie sie etwa das Zimmer *2* in Gebäude *B* schmückte (Abb. 165). Die zuletzt genannte Malerei, als »Frühlingsfresko« bekannt, zeigt uns anscheinend einen vulkanischen, bizarr geformten Fels-

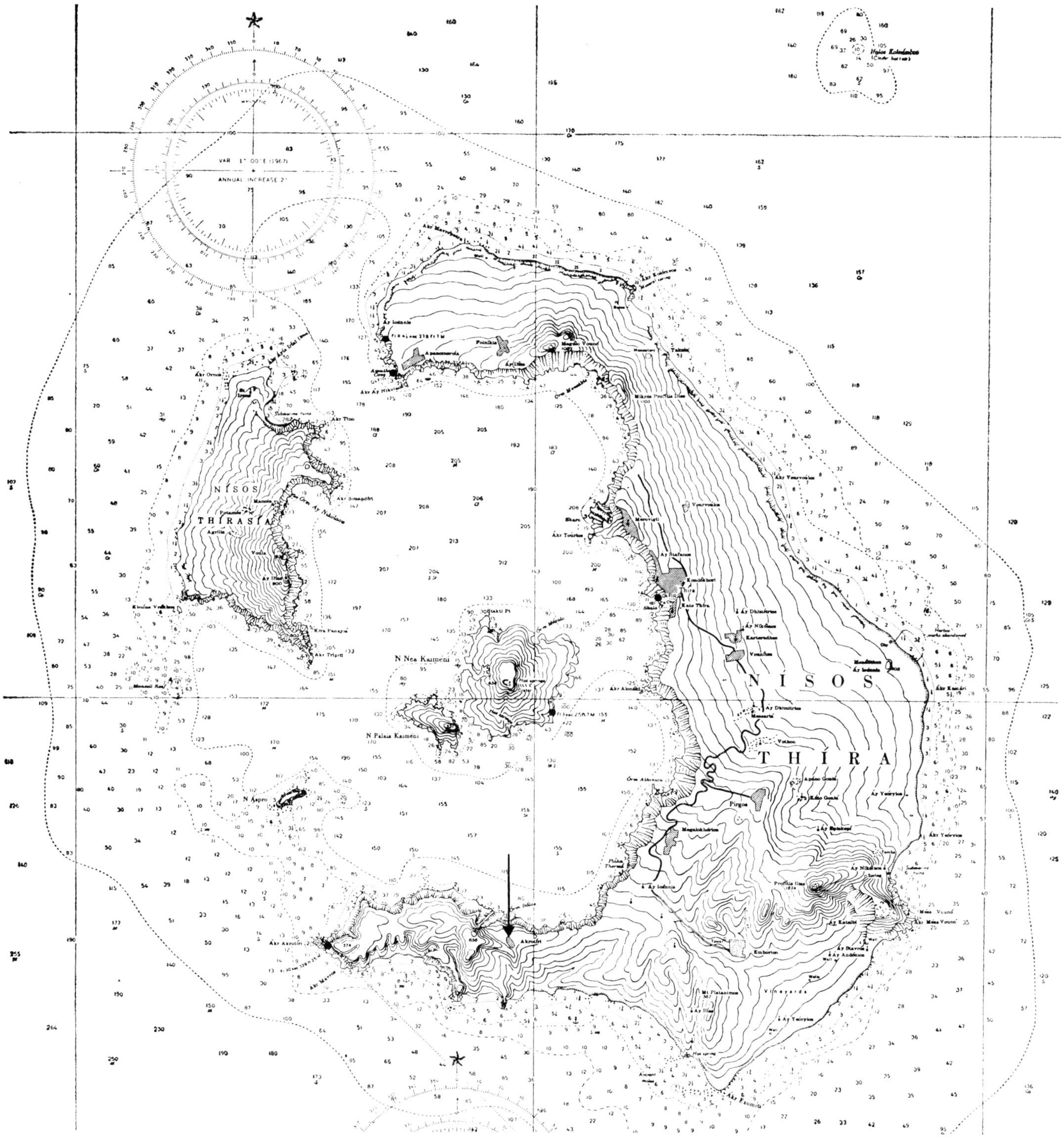

Fig. 33 Plan der Insel Santorín (Thera). Der Pfeil bezeichnet das Dorf Akrotíri, in dessen Nähe der Ausgrabungsbezirk liegt

boden, aus dem Madonnenlilien erblühen (lilium candidum), darüber flattern und turteln Schwalben. Auch andere Tiere sind dargestellt, so etwa blaue Affen in Zimmer *6* des Gebäudes *B* oder Antilopen im Zimmer *1* des gleichen Hauses (Abb. 167). Ob es zur Bronzezeit Affen und Antilopen auf Santorín bzw. im ägäischen Raum gegeben hat, mag man bezweifeln; sicher aber waren den Seehandel treibenden Bewohnern der Insel solche Tiere von der afrikanischen Küste oder aus anderen Ländern bekannt.

Einen breiten Raum nehmen in den Malereien Darstellungen von Menschen ein. Im Gebäude *B*, Zimmer *1*, fanden sich die beiden boxenden Jungen, im Zimmer *5* des Westhauses das sehr gut erhaltene Bildnis eines jungen Mannes, der Schnüre mit Makrelenbündeln in seinen Händen hält (Fig. 34). Andere Fresken scheinen Kulthandlungen zu zeigen, und auch hier dominieren wie in der minoischen Kunst Kretas die Frauen. Somit läßt sich vermuten, daß die minoische Religion auch auf Santorín Gültigkeit hatte. Aus dem bereits erwähnten Zimmer *5*

Fig. 34 Mann mit Makrelen aus dem Westhaus der Grabung bei Akrotíri/Santorin. Spätminoisch I, um 1500 v. Chr. Athen, National museum

des Westhauses stammt das Bildnis einer jungen Priesterin (?) mit einer Schale und Opfergaben, die einen mit Krokus gefärbten Peplos trägt (Abb. 166); hinzu kommt aus Zimmer *1* des Frauenhauses eine Priesterin (?) in minoischer Tracht mit entblößten Brüsten, die bei der Ausführung einer Kulthandlung dargestellt ist. Die Frau scheint, ehrfürchtig vornübergebeugt, ein Kleidungsstück darzubringen.

Die wohl interessantesten Malereien fand man im Zimmer *5* des Westhauses. Anscheinend war das Zimmer ganz ausgemalt. Neben größeren Einzeldarstellungen (z. B. der Priesterin von Abb. 166) scheint sich ein Miniaturfries um alle Wände des Raumes gezogen zu haben (Abb. 168–171). Ob alle erhaltenen Teile dieser Miniaturmalerei miteinander in inhaltlicher Verbindung standen, läßt sich nicht mit Sicherheit entscheiden. An der Nordwand war ein Haus in gebirgiger Landschaft dargestellt, auf dessen Dach Menschen stehen. Im Gebirge weiden Tiere, und vor dem Gebäude stehen bewaffnete Männer mit Eberzahnhelmen. Solche Helme scheinen in der Bronzezeit von mykenischen Kriegern getragen worden zu sein (vgl. Fig. 5), auch Homer beschreibt sie in der Ilias. Unterhalb des Hauses sind Schiffe zu erkennen sowie Menschen mit verrenkten Gliedmaßen im Meer, vielleicht Ertrunkene. An der Ostwand verlief ein Fries mit einem Flußlauf, an dessen felsigen Ufern Pflanzen wachsen und Tiere einherjagen.

Der besterhaltene Teil dieser Malerei schmückte einst die Südwand des Raumes. Hier ist offensichtlich eine große (kultische?) Expedition übers Meer dargestellt,

Plan F: Das Ausgrabungsgelände nahe dem Dorf Akrotíri auf Santorín (Thera). – Nach *Marinatos/Doumas* 1982

durchgeführt von acht Schiffen, die von einer Stadt an der linken Seite zu einer anderen Stadt an der rechten Seite rudern. In beiden Städten sind Menschen zu erkennen; im Meer schwimmen Delphine. Die Mehrzahl der Schiffe verfügt neben den Rudern noch über Segel, aber nur eines hat die Segel gesetzt. Dieses Schiff ist mit Vögeln bemalt, womit vielleicht angedeutet ist, daß es sich um ein schnelles Kurierboot handelt. Am Heck der Schiffe erkennt man erhöhte kajütenartige Plattformen, wahrscheinlich die Kommandostände der Kapitäne. Ein solcher Kommandostand fand sich übrigens in Zimmer *4* des Westhauses in einer Einzeldarstellung, woraus man geschlossen hat, das Westhaus sei möglicherweise die Wohnung eines Kapitäns gewesen. – Am Heck der Schiffe steht jeweils der Steuermann, meist in Begleitung einer zweiten Person. Die Schiffe transportieren eine Reihe von Männern, bei denen es sich um mykenische Krieger handeln könnte, da einige von ihnen Eberzahnhelme tragen. Das größte und wohl auch wichtigste Schiff der Flotte befindet sich in der Mitte und ist mit Girlanden geschmückt.

Wir können freilich nicht wissen, ob hier eine historische Szene dargestellt ist. Vielleicht läßt sich aber aufgrund der Eberzahnhelme schließen, daß bereits im 16. Jh. auch mykenische Flotten das ägäische Meer durchfuhren. Jedenfalls gibt uns diese Malerei ein lebendiges Bild von der bronzezeitlichen Seefahrt in der Ägäis und von den Schiffstypen, die dabei benutzt wurden. Einige Forscher glauben, die Malerei zeige eine Expedition an die libysche Küste!

Das mykenische Griechenland

Mykene

Wenn auch mykenische Siedlungen bis nach Athen, Theben und Orchómenos in Zentralgriechenland nachgewiesen sind, so darf doch die Peloponnes und hier vor allem der Osten der Halbinsel, die Argolis (Abb. 117), als das eigentliche und ursprüngliche Gebiet der mykenischen Zivilisation gelten. Mykene selbst war den archäologischen Funden nach zu schließen wohl die reichste und mächtigste Stadt dieser Kultur; sie wird im griechischen Mythos als der Sitz Agamemnons, des Führers der Griechen im Krieg gegen Troja, bezeichnet. Mykene liegt sehr geschützt am nördlichen Rand der Argolis-Ebene auf einem Hügel, der im Norden und Süden von tiefeingeschnittenen Flußtälern umgeben ist (Abb. 118, 119). Im Osten bildet der Hügel einen leicht zu verteidigenden schmalen Grat, hinter dem sich schützend hohe Berge erstrecken (Profítis Ilías 809 m, Psilí Rachí 1068 m); nur nach Westen zu fällt der Hügel flach in die Ebene ab (Abb. 120).

Hier hatte Heinrich Schliemann von 1874 bis 1876 an der

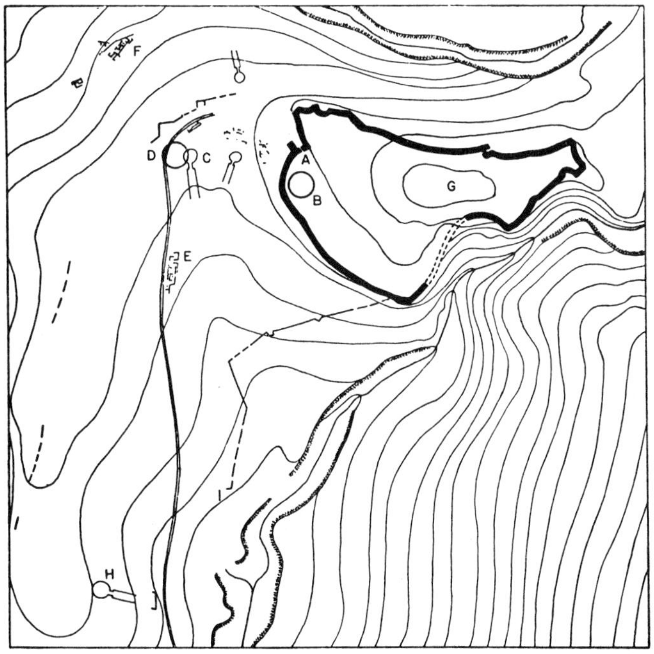

Plan G: Mykene, Akropolis und nächste Umgebung. Topographische Skizze. A: Löwentor. B: Gräberrund A mit den Schachtgräbern I–VI. G: Palast der Oberburg. E und F: Häusergruppen in der Unterstadt von Mykene; in E: das »Haus der Schilde«, das »Haus des Ölhändlers« und das »Haus der Sphingen«; in F: Häuser der königlichen Industrien, wie Töpferei usw. C: Tholosgrab »der Klytaimnestra«, östlich davon das »des Aigisthos«, nordöstlich das »der Löwen«. H: Tholosgrab (sog. Schatzhaus) »des Atreus«. D: das neuentdeckte Gräberrund B. – Aus *Mylonas,* Ancient Mycenae 1957.

Fig. 35 Gräberrund A innerhalb der Burg von Mykene. Rekonstruktion aufgrund alter Fotografien (von Wace)

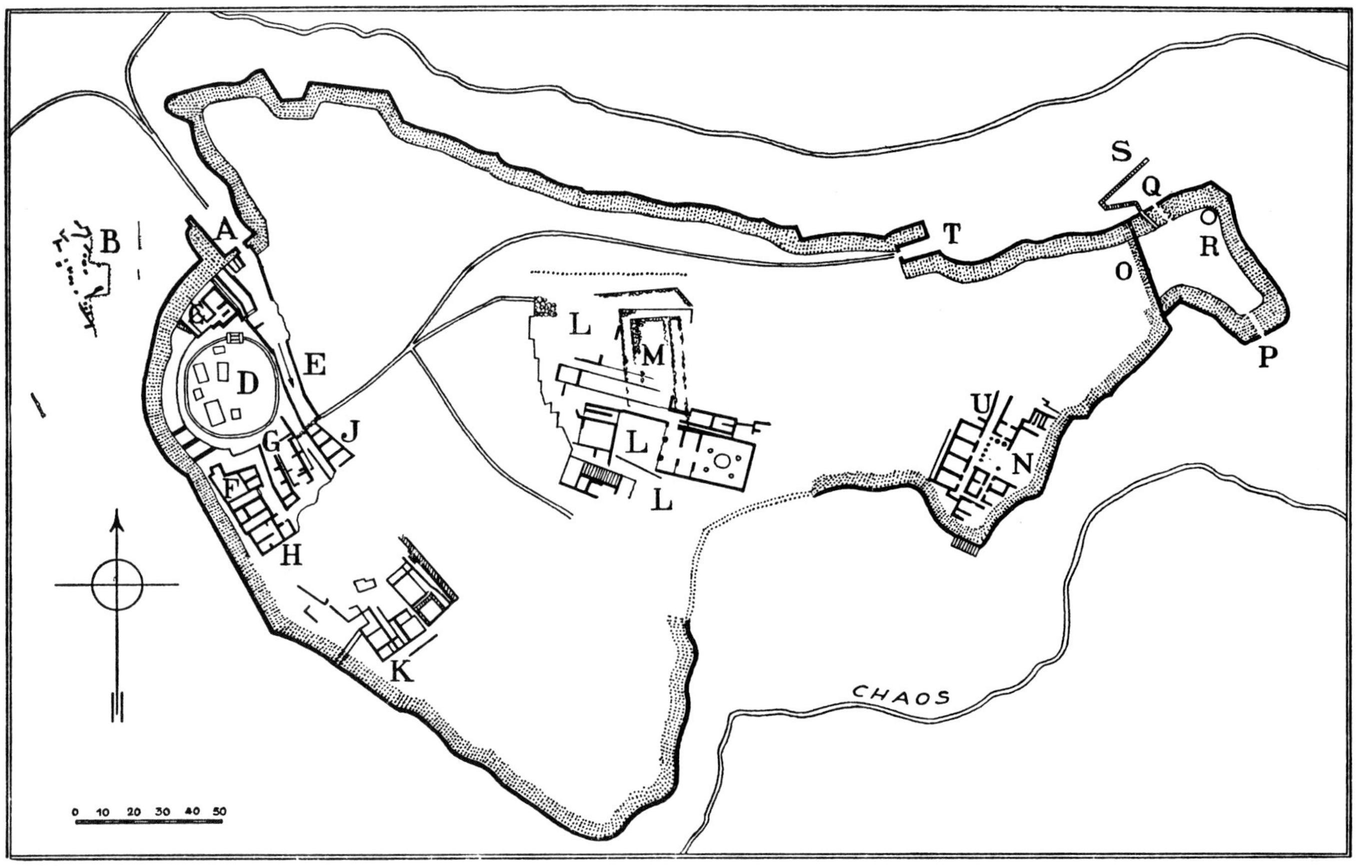

Plan H: Die Burg von Mykene. A: Löwentor; E: Aufweg (Rampe) zur Oberburg; D: Gräberrund A mit den sechs Schachtgräbern I–VI in seiner Westhälfte; C: Torwächter-Kommandantur, auch als Kornspeicher (Granary) bezeichnet; F, G, H und K sowie J: weitere innerhalb der Akropolismauer gelegene Häuser; F: »Haus der Kriegervase«; G: Rampenhaus; H: Südhaus; K: sog. Tsuntas-Haus; J: Hausreste aus hellenistischer Zeit; L: der Palast der Oberburg; M: Tempelfundamente aus griechischer Zeit; N: »Haus der Säulen«, T: Nordtor; O: älterer Ostabschluß der Mauer; P: Not-Tor (Sally-Port); Q: Abflußkanal; S: die verborgene, unterirdisch zugängliche Zisterne »Perseia«; R: Zisterne aus hellenistischer Zeit; B: Prähistorische Nekropole. – Aus *Wace,* Mycenae 1949.

Fig. 36 Grabstele, ursprünglich über Grab V der Burg von Mykene aufgestellt: Jagdausfahrt. Athen, Nationalmuseum

Stelle, wo die schon von Pausanias im 2. Jh. n. Chr. beschriebenen Ruinen kyklopischer Mauern immer noch aus der Erde ragten, die mykenische Kultur ans Licht geholt. Nach ihm setzten Griechen die Grabungen fort, so Stamatakis, später Tsountas; seit 1920 leitet die englische archäologische Schule in Athen die weiteren Forschungsarbeiten.

Man weiß heute, daß hier bereits vor der Ankunft der griechisch sprechenden Indoeuropäer, also im Frühhelladikum des 3. vorchristlichen Jahrtausends, gesiedelt worden ist. Aber erst im 17. Jh. begann die Blüte dieses Kulturraumes, zur Zeit als in Mykene das Schachtgräberrund B entstand. Etwa ab 1600 gelangte Mykene zu großem Reichtum, wie es die kostbaren Funde aus dem Gräberrund A in der Burg belegen; in dieser Zeit wurden der Palast und die Burg errichtet. Die meisten erhaltenen Reste von Bauwerken aus Mykene stammen aus dem 14. und 13. Jh., also der Spätzeit der mykenischen Kultur. Gegen 1200 ist Mykene wie alle Zentren der mykenischen Kultur zerstört worden, und die folgende Zeit steht kulturell weit im Schatten der vorangegangenen Epoche. Eine unbedeutende antike Siedlung, die aber zu der Zeit, als Pausanias Mykene besuchte, schon nicht mehr bewohnt war, konnte über den verfallenen mykenischen Mauern nachgewiesen werden.

Fig. 37 Goldschmuck aus Schachtgräbern der Burg von Mykene. Athen, Nationamuseum

Die Akropolis von Mykene wird von einer zwischen 3 und 8 m dicken Mauer von 900 m Umfang umgeben (Abb. 122). Diese im wesentlichen zwischen 1350 und 1300 entstandene und später noch verstärkte Mauer ist aus solch gewaltigen behauenen Steinen gefügt, daß die antiken Griechen die Errichtung der mykenischen Burg den mythischen, mit übermenschlichen Kräften ausgestatteten Kyklopen zugeschrieben haben; daher stammt der noch heute gebräuchliche Begriff »kyklopische Mauern«! Die Mauer muß tatsächlich als eine der ganz großen technischen Leistungen der Bronzezeit angesehen werden. Vor allem das aus tonnenschweren monolithischen Steinblöcken errichtete Löwentor, der Hauptzugang zur Burg an der Westseite der Anlage, verdient Bewunderung (Abb. 121, 123). Über dem Abschlußstein ist ein Relief angebracht, das zwei Löwen zeigt, die sich antithetisch von beiden Seiten gegen eine Säule stützen. Vielleicht handelt es sich hierbei um ein Symbol der Macht, wobei die Darstellung stark an Minoisches erinnert (vgl. Fig. 2). – Augenscheinlich haben die Erbauer der Festung damit gerechnet, daß Mykene lange belagert werden könnte, denn sie legten an der Nordostseite der Burg einen unterirdischen Zugang zu einer außerhalb der Burg liegenden Zisterne an (Abb. 125, 126).

Auf dem Gipfel des Hügels befand sich der Palast, der jedoch sehr schlecht erhalten ist. Er wird ähnlich angelegt gewesen sein wie der weit besser erhaltene von Tiryns, anhand dessen wir auch die Eigentümlichkeiten der mykenischen Architektur aufzeigen werden. Einige auf der Burg von Mykene gefundene Reste deuten an, daß der Palast wie auch manche Häuser ausgemalt waren. Außerdem konnten die Archäologen innerhalb der Burg eine Reihe von Hausgrundrissen freilegen, darunter das »Haus der Kriegervase« *(F in Plan H),* das seinen Namen

Fig. 38 Bergkristallschale in Form einer Ente. Aus Gräberrund B außerhalb der Burgmauer von Mykene. Athen, Nationalmuseum

von einem hier gefundenen Krater erhielt, auf dessen Wandung Krieger dargestellt sind. Im übrigen ist dies eines der letzten frühgriechischen Kunstwerke, das in der Vasenmalerei menschliche Darstellungen kennt; über Jahrhunderte gerät nun der Mensch als ikonographisches Motiv in Vergessenheit! Erst mit den attischen Vasen des frühen 8. Jh. gibt es im griechischen Kunstraum wieder Menschendarstellungen – z. B. die »Prothesisamphora« (um 760) mit der Szene einer Totenklage.

In einem der Häuser befand sich anscheinend eine Metallwerkstatt. Der größere Teil der Stadt, von der an mehreren Stellen Reste entdeckt worden sind *(E, F in Plan G)*, lag außerhalb der Mauer. Alle diese Häuser waren zumeist von sehr einfacher Bauweise, und im Gegensatz zu Kreta ist in ihnen kaum Keramik oder dergleichen gefunden worden. Besondere Erwähnung verdient aber das »Haus des Ölhändlers« *(Sektor E, in Plan G)*, in dem 30 Bügelkannen mit Ölrückständen gefunden wurden. Hier kam auch ein Linear-A-Schrifttäfelchen (My An 102) zutage, dessen Übersetzung sehr umstritten ist.

Die reichsten Funde aus Mykene stammen aus den Gräbern. Die Mykener entfalteten in ihrem Totenkult einen Aufwand und Prunk, der die Totenfeiern des minoischen Kreta weit übertraf. Hier sind vor allen Dingen das jüngere Gräberrund A *(B in Plan G; D in Plan H)* das ältere, außerhalb der Burg gelegene Gräberrund B *(D in Plan G)*, zu nennen. Die bei weitem wertvolleren Funde enthielt Gräberrund A (Fig. 35), das schon von Schliemann entdeckt worden ist. Es bildet einen Kreis von 26,5 m Durchmesser, der von einer Doppelreihe in die Erde eingelassener Steinplatten begrenzt ist (Abb. 127, 128). Im Innern des Kreises sind sechs Schachtgräber in den Boden gegraben. Ihre Lage war oberirdisch durch Grabstelen gekennzeichnet, von denen manche spiralenförmigen Reliefschmuck und menschliche Darstellungen aufweisen (Fig. 36). Weltberühmt sind die Totenmasken dieser Gräber, die aus Gold gefertigt wurden (Abb. 132) und nur den Männern mitgegeben waren. Unter den Grabbeigaben befinden sich auch Waffen, darunter kostbare Stücke mit Einlegearbeiten in Gold, Silber und Niello (einem schwarzen Metallfluß), die in ihrer szenischen Komposition an die Leichtigkeit der minoischen Kunst erinnern (Abb. 129–131). Auch ein Stierkopfrhyton aus Silber und Gold verweist auf minoische Formensprache (Fig. 15). Andere typische Beigaben sind Goldbecher und die verschiedensten Schmuckstücke (Fig. 37). Eines der edelsten Fundstücke aus diesen Gräbern ist eine Bergkristallschale in Form einer Ente (Fig. 38). Ansonsten war den Toten vorwiegend Keramik beigelegt.

Ungefähr 1500 setzte sich in Mykene der Brauch durch, für Fürsten und Adelige Tholosgräber zu errichten. Dieser mykenische Grabtypus mag sich vom kretischen Rundgrab herleiten, wird aber in der mykenischen Kultur mit einem Zugangsweg (Dromos) versehen sowie konstruktiv ausgereifter und bedeutend monumentaler gestaltet. Das berühmteste Grab dieses Typs ist das sogenannte Schatzhaus des Atreus, 500 m südlich der Burg (Abb. 124; *H in Plan G*). Das wohl um 1350–1325 errichtete Grab, das hervorragend erhalten ist, war bei seiner Entdeckung geplündert. Der 36 m lange Dromos führt zu der 10,5 m hohen und 6 m breiten Fassade, die mit steinernen Reliefs verkleidet war (Fig. 39). Die 5,40 m hohe Türöffnung verjüngt sich nach oben von 2,70 m auf 2,45 m und ist von einem monolithischen Architravstein abgedeckt, der über 100 Tonnen wiegt. Das Innere des Kuppelraumes ist bienenkorbförmig aus behauenen Steinen gebildet, die ringförmig und nach innen leicht auskragend verlegt sind; die überstehenden Ecken der Steine wurden nachträglich abgearbeitet, so daß sich dann erst die elegante innere Bauform ergeben hat. Bei einem lichten Durchmesser von 14,60 m beträgt die Scheitelhöhe der Kuppel 13,40 m. Im Norden befindet sich die eigentliche Grabkammer, ein würfelförmiger Raum mit einer Basislänge von ca. 6 m.

In Mykene sind insgesamt neun solcher Tholosgräber gefunden worden. Eines dieser Gräber, das »Grab der Klytaimnestra«, befindet sich gleich neben dem Gräberrund B *(C in Plan G)*. In ihm wurden zwei Elfenbeingriffe von Bronzespiegeln gefunden.

Fig. 39 Sogenanntes Schatzhaus des Atreus (oder Grab des Agamemnon) in Mykene, Fassade des Grabportals. Rekonstruktion (nach Marinatos)

Tiryns

Ebenfalls in der Argolis, etwa 15 km südlich von Mykene und nördlich von Nauplia (Abb. 142), liegt auf einem schmalen Felsrücken, der sich nur 25 m über die Ebene erhebt, die mykenische Burg von Tiryns. 1884 begann Schliemann hier, unter Mitarbeit von W. Dörpfeld, den Felsrücken archäologisch zu untersuchen. Karo, Kunze und Müller schlossen die Forschungen 1927 im wesentlichen ab. Seit einigen Jahren werden die Grabungen vom Deutschen Archäologischen Institut Athen fortgesetzt, und zwar besonders im Bereich der Stadt Tiryns. Eine Siedlung auf dem Hügel bestand bereits im 3. Jahrtausend v. Chr. Die heutigen Burgreste gehen auf die Epoche des 17. Jh. zurück. Gegen 1400 entstand die Mauer der Oberburg. Im Verlaufe der folgenden 200 Jahre wurde auch die Unterburg mit einer Mauer versehen, bestehende Befestigungen wurden ausgebaut. Um 1200 herum ist die mykenische Anlage von Tiryns wie jene von Mykene zerstört worden. Nur spärliche Überbauungen der antiken Zeit und des Mittelalters sprechen von einer nicht sehr intensiven Siedlungskontinuität.

Gerade die Burganlage von Tiryns gibt einen anschaulichen Eindruck von einer typisch mykenischen Palastanlage. Den Kern mykenischer Paläste bildete stets ein Megaron (= große Halle), ein langrechteckiger Bau mit einer oder mehreren Vorhallen und einer Haupthalle *(24)*. Der Bautypus des Megarons scheint im Vorderen Orient entwickelt worden zu sein und verbreitete sich in den frühesten Ägäiskulturen (Sesklo, Dimini in Nordgriechenland; Troja II an der anatolischen Ägäisküste), nicht jedoch auf Kreta und den Kykladen. Im Gegensatz zu minoischen Bauformen ist das Megaron ein einfacher Baukörper mit geradliniger Begrenzung, außerdem ist er ein Richtungsbau, dessen in der Symmetrieachse (!) gelegene Ein- und Durchgänge in die Haupthalle führen. Aus dem Charakter des Megarons als Richtungsbau ergibt sich, daß seine Symmetrieachse freigelassen und nicht, wie im Minoischen, durch Säulen oder Wände aufgefangen bzw. verstellt wird.

Das Megaron von Tiryns *(24)* enthielt in der Mitte des Hauptraumes (9,80 × 11,80 m) einen runden Herd. Vier Säulen tragen das Dach, in dem sich ein Abzug für den Herd befunden haben muß. An der Ostseite sind Reste eines Thrones erhalten. Die Wände waren mit Malereien geschmückt, die eine Eberjagd zeigten und einen Fries lebensgroßer Frauen (Abb. 139). Auch der Fußboden war bemalt.

Von der minoischen Palastarchitektur beeinflußt zeigt sich die mykenische Anlage insofern, als das System von weiteren Megara *(29, 30)*, Höfen und Gängen eine dem Minoischen auf den ersten Blick ähnelnde Gesamtanlage bildet. Immer jedoch bleiben in Tiryns die einzelnen Baukörper voneinander abgegrenzt und auf vor ihnen

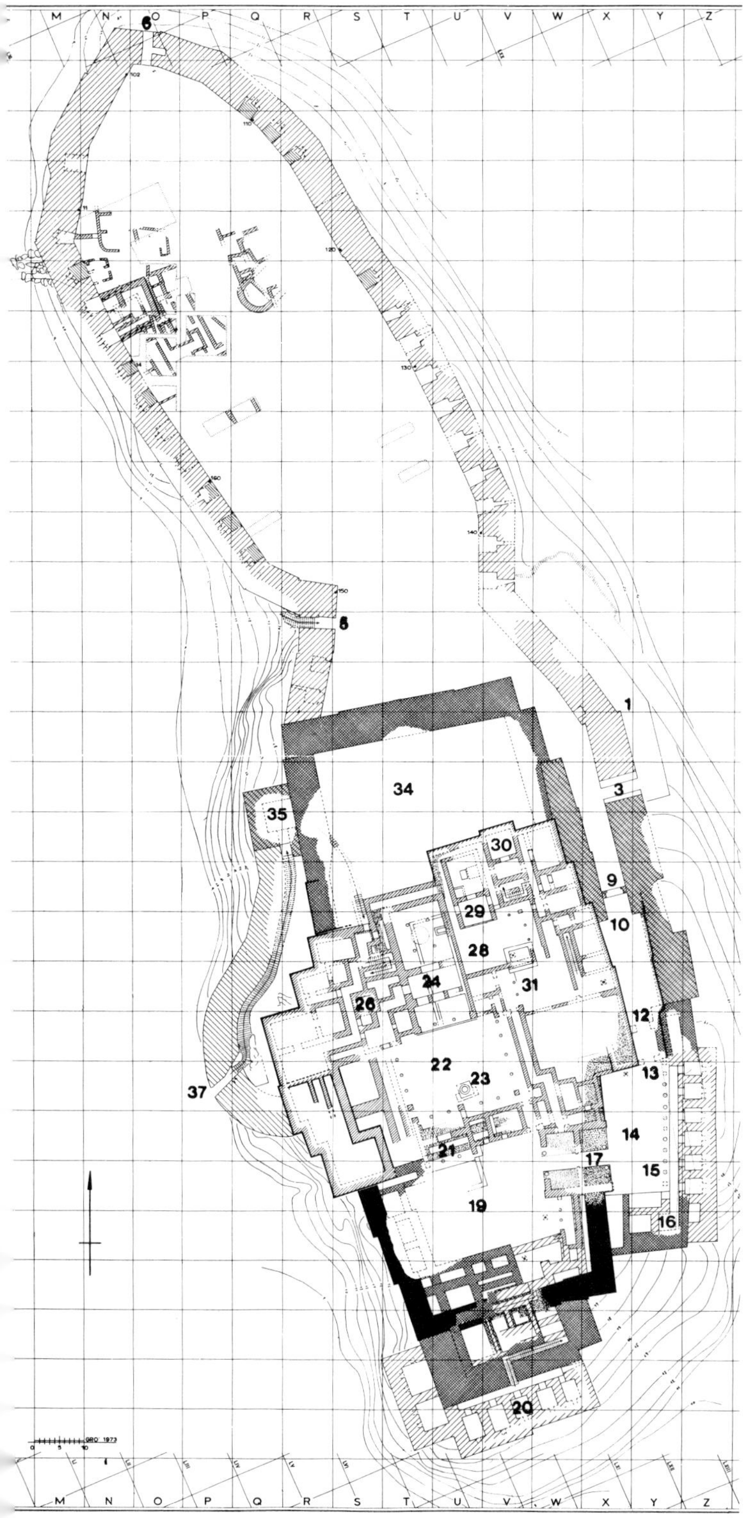

Plan I: Burg von Tiryns. 1: Aufgangsrampe; 3: Äußeres östliches Haupttor; 5: Südwest-Pforte der Unterburg; 6: Nord-Pforte der Unterburg; 9: Inneres Haupttor; 10: Dipylon (Innenhof); 12/13: Holztore; 14: Vorhof; 15: Säulenhalle, wohl mit Kammern dahinter; 16: West-Kasematten. Die im Plan außerhalb (östlich) der Kasematten eingezeichneten Kammern waren eingestürzt und verschüttet und wurden zum Teil erst 1934 ausgegraben. Ihre Außenmauern waren längst abgestürzt; 17: Äußeres Propylon; 19: Äußerer Palasthof; 20: Süd-Kasematten; 21: Inneres Propylon; 22: Haupt- und Innenhof; 23: Altar; 24: Prodomos des Megarons, vor ihm der Vorraum (Aithusa) mit zwei Säulen zum Haupthof hin, hinter ihm das eigentliche Megaron; 26: Badezimmer; 28: Kleiner Innenhof; 29: Westliches (kleineres) Megaron mit reich bemaltem Stuckfußboden; 30: Östliches (kleinstes) Megaron; 31: Säulenhof; 34: Mittelburg (Hinterhof); 35: Turm der Westbastion; 37: West-Pforte. Schwarz: erhalten; schraffiert: ergänzt. – Nach *Jantzen,* Führer durch Tiryns.

liegende Höfe bezogen (*24* auf *22* mit dem Altar *23* in der Symmetrieachse; *29* auf *28*), so daß wir eher den Eindruck von in einer additiven Bauweise aneinandergereihten Baukörpern gewinnen als den eines von Innenräumen her entwickelten, fließenden Ganzen. Die mykenischen Anlagen erscheinen klar durchdacht und monumental (Fig. 40). Die Burg von Tiryns ist von einer stellenweise bis zu 11 m dicken Mauer von 700 m Umfang umgeben, wobei der Bereich des Palastes in der Oberburg liegt, die von der wohl als Fluchtburg dienenden Unterburg im Norden der Anlage nochmals festungsartig abgetrennt ist. In die südöstlichen *(16)* und südlichen *(20)* Mauern sind Galerien eingebaut (Abb. 134), deren Funktion unklar ist, die aber besonders günstig als Standort für Wurfgeschosse gewesen sein mögen. Man hat sie als Kasematten bezeichnet. Den Hauptaufgang zur Burg bildet die monumentale Rampe *1* (Abb. 133), die so angelegt ist, daß der Angreifer dem Verteidiger die rechte, nicht die durch den Schild geschützte linke Seite zuwenden mußte. Durch den Haupteingang *3* gelangte man in den inneren, schmalen Gang mit zwei weiteren Toren (*9, 12;* Abb. 135), in dem eingedrungene Feinde wirkungsvoll bekämpft werden konnten. Die Wasserversorgung von Tiryns wurde sichergestellt durch eine (Flucht-) Treppe *(35–37)* in der nach außen gewölbten Westbastion der Befestigung (Abb. 138), über die die Zisterne und eine Quelle am Fuß des Hügels erreicht werden konnten.

Wir gewinnen von Tiryns den Gesamteindruck einer gut befestigten Burg als Sitz eines Herrschers, die im Gegensatz zu minoischen Palästen kaum kultisch-religiöse Züge aufweist. Der Fund einer großen Zahl von Linear-B-Schrifttäfelchen in der mykenischen Anlage von Pylos in Messenien an der Westküste der Peloponnes, die dem Mythos zufolge der Palast des weisen Nestor gewesen sein soll (Fig. 41), legt den Schluß nahe, daß die mykenischen Paläste, ähnlich den minoischen Anlagen, Verwaltungssitze und Wirtschaftszentren für eine größere Umgebung waren.

Überraschend ist die Existenz einer so bedeutenden Anlage wie der von Tiryns in so geringer Entfernung vom mächtigen Mykene. Vielleicht gehörten beide Burgen, wie der Mythos erzählt, zu einem Herrschaftsbereich. Tiryns gilt als Gründung des Perseus, der von hier aus auch Mykene gegründet haben soll. Dort ging die Herrschaft von den Nachkommen des Perseus später an das Geschlecht der Atriden über. Agamemnon, der Sohn des Atreus, führt bei Homer als der mächtigste der griechischen Fürsten die Achäer im Trojanischen Krieg an. Aischylos berichtet in seiner um die Mitte des 5. Jh. v. Chr. entstandenen großen Tragödien-Trilogie der Orestie vom blutigen Ende des aus Troja heimgekehrten Agamemnon und vom Muttermord seines Sohnes Orest. Die Vormachtstellung von Mykene innerhalb der frühgriechischen Welt hat also auch in Mythos und Dichtung ein deutliches Echo gefunden.

Fig. 40 Vogelperspektive der Burg von Tiryns, Rekonstruktion (nach Müller)

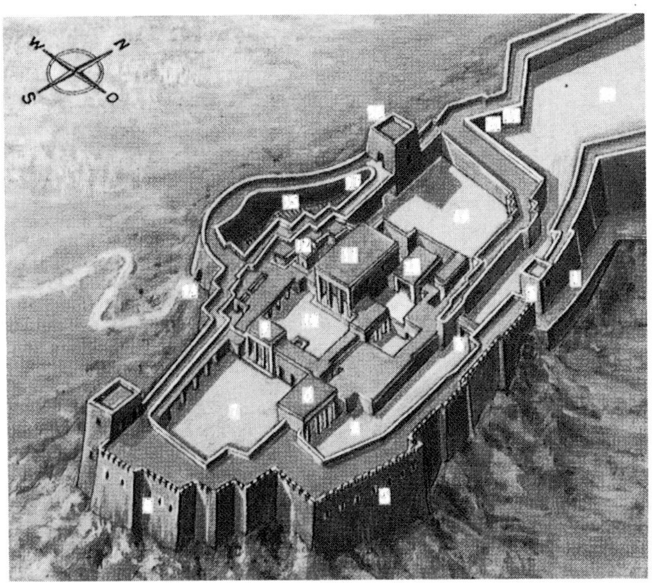

Fig. 41 Megaron im Palast von Pylos/Messenien. Rekonstruktion (nach Blegen/Rawson)

	KRETA	GRIECHENLAND/ MYKENE	KYKLADEN/ ZYPERN	ÄGYPTEN/ORIENT ** ägyptische Chronologie nach v. Beckerath*
NEOLITHIKUM 6000 v. Chr.		Lerna I (Peloponnes) Sesklo/Dimini (Thessalien)		Catal Hüyük (Südanatolien)
5000			Khirokitia auf Zypern	
4000	Erste Menschen auf Kreta		Älteste Siedlung auf Melos	um 3500 sumerische Bilderschrift um 3200 Vereinigung v. Unter- u. Oberägypten: 1. Dynastie Erste ägypt. Hieroglyphen
3000			Grotta-Pelos-Kultur auf Melos u. Naxos	**Altes Reich** 3. Dynastie (3260–2595) 4.–8. Dynastie (2595–2134)
BRONZEZEIT	**Frühminoische Periode** (Vorpalastzeit)			
2600	FM I 2800/2600–2500 FM II 2500–2200 FM III 2200–2000	**Frühhelladisch I, II, III** 2500–1950	**Frühkykladisch** 2600–1900 Kykladenidole **Frühkyprisch** 2300–2000	**1. Zwischenzeit/** **Mittleres Reich**
2000	**Mittelminoische Periode** MM I um 1950 MM II a um 1850 MM II b um 1820–1700 (Alte Paläste, Kamáresstil)	Indoeuropäische Stämme dringen in Griechenland ein; Zerstörung von Lerna IV **Mittelhelladisch** 1950–1580	**Mittelkyprisch** 2000–1600 **Mittelkykladisch** 1900–1600	9.–12. Dynastie (2134–1785) **2. Zwischenzeit/** **Hyksoszeit** 13.–17. Dynastie (1785–1552)
1700	Zerstörung d. Alten Paläste, Menschenopfer von Anemóspilia	Ioner u. Achäer Träger einer protogriechischen Kultur	Kykladen unter minoischem Einfluß	
	MM III 1700–1550		**Spätkyprisch** 1600–1050	
1600	Freskomalerei aus Ägypten Zerstörungen in Festós u. Knossós	**Späthelladisch/Mykenisch** SH I 1580–1450 (Frühmykenisch) Gräberrund B u. A in Mykene	**Spätkykladisch** 1600–1100	Hattusa Hauptstadt d. Althethitischen Reiches
1550	**Spätminoische Periode** SM I a 1550–1500 (Florastil)		Minoische Siedlung bei Akrotíri (Keramik d. Florastils)	**Neues Reich** 18.–20. Dynastie (1552–1080)
1500	SM I b 1500–1450 (Meeresstil) (Neue Paläste: MM III – SM I b)	Erste Tholosgräber in Mykene	um 1500 Vulkanausbruch auf Santorín (Thera)	
um 1450	Zerstörung d. Neuen Paläste SM II 1450–1400 (Palaststil) Mykener in Knossós u. Archánes	SH II 1450–1400 (Mittelmykenisch) SH III 1400–1100 (Spätmykenisch)	Zunehmend mykenischer Einfluß auf d. Kykladen	
1400	SM III um 1400 Tholosgrab A in Furní (Archánes)			Echnaton (1364–1347) versucht d. Monotheismus einzuführen
um 1380	Endgültige Zerstörung von Knossós (Linear-B)	um 1350/25 »Schatzhaus d. Atreus« in Mykene	um 1230 Zerstörung von Enkomi/Zypern; Anwesenheit d. Mykener	
1200		Sog. Seevölker; Zerstörung d. mykenischen Burgen	Bedrohung durch sog. Seevölker	»Seevölker«. Ende d. Hethiterreiches
EISENZEIT		Dorer wandern in Griechenland ein		Sieg Ramses' III. über d. Seevölker (1176)

Literatur

Alexiou, St. und Platon, N.: *Das antike Kreta,* Würzburg 1967
Bossert, H. Th.: *Alt-Kreta,* Berlin 1937
Buchholz, H.-G. und Karageorghis, V.: *Altägäis und Altkypros,* Tübingen 1971
Bryans, R.: *Kreta,* München 1975
Chadwick, J.: *Die mykenische Welt,* Stuttgart 1979
Chadwick, J. und Ventris, M.: *Documents in Mycenaean Greek,* Cambridge 1956/1973[2]
Ekschmitt, W.: *Die Kontroverse um Linear B,* München 1969
Evans, A.: *Mycenaean Tree and Pillar Cult,* in: Journal of Hellenic Studies XXI, 1901
Evans, A.: *The earlier religion of Greece in the light of Cretan discoveries,* London 1931
Evans, A.: *The Palace of Minos at Knossos,* 4 Bände, London 1921–1936
Faure, P.: *Kreta. Das Leben im Reich des Minos,* Stuttgart 1978[2]
Gallas, K.: *Kreta. Kultur, Landschaft, Menschen,* Köln 1979
Guanella, H.: *Kreta,* Zürich 1977[5]
Grantham, R.: *Minotaur and Crete,* Iráklion 1960
Hampe, R. und Simon, E.: *Tausend Jahre Frühgriechische Kunst,* Fribourg/München 1980
Higgins, R.: *Minoan and Mycenaean Art,* London 1967
Hutchinson, R. W.: *Prehistoric Crete,* London 1962
Kästner, E.: *Kreta,* Frankfurt 1976
Karo, G.: *Greifen am Thron,* Baden-Baden 1955
Kerényi, K.: *Die Mythologie der Griechen,* Zürich 1951
Kerényi, K.: *Die Heroen der Griechen,* Zürich 1958
Kerschensteiner, J.: *Die mykenische Welt in ihren schriftlichen Zeugnissen,* München 1970
Kirsten, E.: *Die Insel Kreta im 5. und 4. Jahrhundert,* Leipzig 1936
Kohler, J. und Ziebarth, E.: *Das Stadtrecht von Gortyn,* Göttingen 1942
Marinatos, Sp.: *Kreta, Thera und das mykenische Hellas* (mit Aufnahmen von Max Hirmer), München 1976[3]
Matz, F. und Buchholz, H.-G. (Hrsg.): *Archaeologia Homerica. Die Denkmäler der frühgriechischen Epoche,* Göttingen, ab 1967
Matz, F.: *Kreta, Mykene, Troja,* Stuttgart 1958
Matz, F.: *Kreta und frühes Griechenland,* Baden-Baden 1962
Matz, F.: *Forschungen auf Kreta – 1942,* Berlin 1952
Mylonas, G. E.: *Mycenae and the Mycenaean Age,* Princeton 1966
Nilsson, M. P.: *The Minoan-Mycenaean Religion and its survival in Greek Religion,* Lund 1950[2], Geschichte der griechischen Religion I. (Handbuch der Altertumswissenschaft V), München 1955
Pars, H.: *Göttlich aber war Kreta. Das Erlebnis der Ausgrabungen,* Freiburg 1957
Pashley, R.: *Travels in Crete,* 2 Bände, Cambridge 1837
Reden, S.v. und Best, J.G.P., *Auf der Spur der ersten Griechen. Woher kamen die Mykener?,* Köln 1981
Schachermeyr, F.: *Die ältesten Kulturen Griechenlands,* Stuttgart 1955
Schachermeyr, F.: *Die minoische Kultur des alten Kreta,* Stuttgart 1964
Schachermeyr, F.: *Ägäis und Orient,* Wien 1967
Schiering, W.: *Die Naturanschauung in der kretischen Kunst,* in: Antike Kunst, 8, 1965, S. 8ff.
Schiering, W.: *Funde auf Kreta,* Frankfurt 1976
Sakellarakis, I.: *Das Kuppelgrab von Archánes und das kretisch-mykenische Tieropferritual,* in: Prähistorische Zeitschrift, 45, 1970, S. 135ff.
Sakellarakis, I.: *Corpus der minoischen und mykenischen Siegel,* in: Studien zur minoischen und helladischen Glyptik, Berlin 1981, S. 167ff.
Sakellarakis, I.: *Museum Heraklion. Illustrierter Führer durch das Museum,* Athen 1980
Sakellarakis, I. und E.: *Ausgrabungen in Archánes/Anemóspilia* (neugriech.), in: Arch. Deltion, Athen 1979, S. 331ff.
Sakellarakis, I. und E.: *Vergleich der Fresken von Santorín mit denen des minoischen Kreta* (neugriech.), in: Zeitschrift der Universität von Kreta, Band 2, 1981, S. 479ff.
Sapouna-Sakellaraki, E.: *Eastern Crete,* Athen 1975
Sieber, F. W.: *Reise nach der Insel Kreta,* 2 Bände, Leipzig 1823
Spanakis, S. G.: *Crete,* Iráklion 1968 (Band A: *Ostkreta,* engl.; Band B: *Westkreta,* neugriech.)
Speich, R.: *Kreta,* Stuttgart 1977[3]
Spratt, T.A.B.: *Travels and Researches in Crete,* 2 Bände, London 1865; Neuauflage Amsterdam 1965
Ventris, M.: *The Languages of the Minoan and Mycenaean Civilisations,* 1950
Vermeule, E.: *Greece in the Bronze Age,* Chicago/London 1964
Wunderlich, H. G.: *Wohin der Stier Europa trug. Kretas Geheimnis und das Erwachen des Abendlandes,* Hamburg 1972

Abbildungsnachweis

Die Aufnahmen von Klaus Gallas wurden ergänzt durch:
Hirmer Fotoarchiv, München: Abb. 20–22, 26, 27, 51, 99, 129–132, 139; Fig. 1, 3–9, 11, 13–17, 19–22, 25, 26, 28–32, 34, 36–38
National Geographic Society, Washington: Abb. 143, 144
Zweites Deutsches Fernsehen, Mainz: Abb. 3, 5, 6, 12–15, 23, 46–50, 52, 54–61, 64–69, 73–88, 100–107, 109–116, 145–148, 164–171; Fig. 27

Quellennachweis:
Doumas, Ch., *Santorín. Die Insel und ihre archäologischen Schätze,* Athen 1982: Plan E
Evans, A., *The Palace of Minos at Knossos,* London 1921–1936 (Bd. II): Vorsatzblatt vorn
Gallas, K., *Kreta. Kunst aus fünf Jahrtausenden,* Köln 1983[10]: Fig. 2, 10, 12
Jantzen, U. (Hrsg.), *Führer durch Tiryns,* Athen 1975: Plan F
Kontorlis, K. P., *Die mykenische Kultur,* Athen 1974: Fig. 40
Marinatos, Sp. u. Hirmer, M., *Kreta, Thera und das mykenische Hellas,* München 1976[3]: Fig. 33, 35, 39; Pläne A–E, G, H,
Papachatzis, N., *Mykene-Epidauros, Tiryns-Nauplia,* Athen 1978: Vorsatzblatt hinten
Schachermeyr, F.: *Die minoische Kultur des alten Kreta,* Stuttgart 1964: Fig. 18

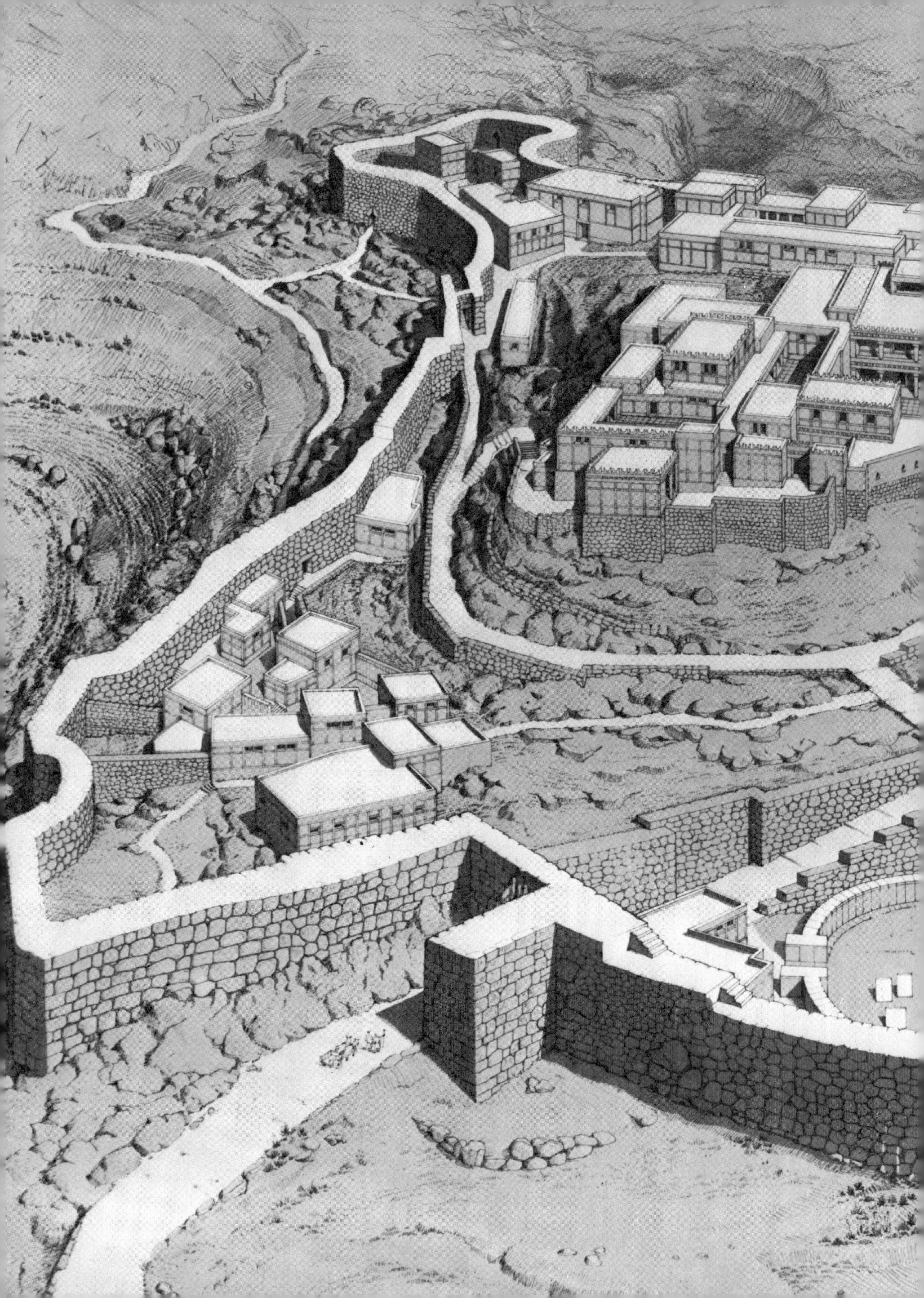